AF822847

Kognitive Regelung komplexer Produktionsprozesse

Von der Fakultät für Maschinenwesen
der Rheinisch-Westfälischen Technischen Hochschule Aachen
zur Erlangung des akademischen Grades eines
Doktors der Ingenieurwissenschaften
genehmigte Dissertation

vorgelegt von

Mario Isermann

Berichter:

Univ.-Prof. Dr.-Ing. Robert Heinrich Schmitt
apl. Prof. Dr.-Ing. Thomas Prefi

Tag der mündlichen Prüfung: 27. November 2013

ERGEBNISSE AUS DER PRODUKTIONSTECHNIK

Mario Isermann

Kognitive Regelung komplexer Produktionsprozesse

Herausgeber:
Prof. Dr.-Ing. Dr.-Ing. E.h. Dr. h.c. Dr. h.c. F. Klocke
Prof. Dr.-Ing. Dipl.-Wirt.Ing. G. Schuh
Prof. Dr.-Ing. C. Brecher
Prof. Dr.-Ing. R. H. Schmitt

Band 1/2014

WZL RWTHAACHEN

Fraunhofer IPT

Bibliografische Information der Deutschen Nationalbibliothek
Die Deutsche Nationalbibliothek verzeichnet diese Publikation in der Deutschen Nationalbibliografie; detaillierte bibliografische Daten sind im Internet über http://dnb.ddb.de abrufbar.

Mario Isermann:

Kognitive Regelung komplexer Produktionsprozesse

1. Auflage, 2014

Gedruckt auf holz- und säurefreiem Papier, 100% chlorfrei gebleicht.

Apprimus Verlag, Aachen, 2014
Wissenschaftsverlag des Instituts für Industriekommunikation und Fachmedien an der RWTH Aachen
Steinbachstr. 25, 52074 Aachen
Internet: www.apprimus-verlag.de, E-Mail: info@apprimus-verlag.de

KN Digital Printforce GmbH, Stuttgart

ISBN 978-3-86359-182-3

D 82 (Diss. RWTH Aachen University, 2013)

Danksagung

Diese Arbeit entstand im Rahmen des Exzellenzclusters „Integrative Produktionstechnik für Hochlohnländer" während meiner Tätigkeit als wissenschaftlicher Mitarbeiter am Fraunhofer-Institut für Produktionstechnologie IPT in Aachen. In dieser Zeit haben viele Personen zu dem Gelingen meines Promotionsvorhabens beigetragen.

Mein herzlicher Dank geht an meine Kollegen des Fraunhofer IPT und des Werkzeugmaschinenlabor WZL der RWTH Aachen, die mich bei meiner Tätigkeit fachlich und persönlich unterstützt und so zu einer einzigartigen Arbeitsatmosphäre beigetragen haben. Besonders hervorheben möchte ich Peter Becker, Dr. Stephan Bichmann, Markus Große Böckmann, Simon Frischemeier, Dr. Sarah Hatfield, Dr. Janko Kukolja, Matthis Laass, Jennifer Lierenfeld, Sebastian Nollau, Carsten Scharrenberg, Sven Schumacher, Carsten Wagels, Andreas Witte und Dr. Thomas Zentis.

Für die tolle Zusammenarbeit und Unterstützung seitens der BMW AG möchte ich mich auch bei Nikolaus Bauer, Dr. Markus Fallböhmer, Marc Flammang, Dr. Nico Matuschek und Dr. Axel Werner bedanken. Ihr Engagement, ihre Ideen und nicht zuletzt die Ermöglichung einer industriellen Umsetzung meines Themas haben maßgeblich zu dem Erfolg dieser Arbeit beigetragen.

Des Weiteren danke ich Herrn Professor Robert Schmitt für die Betreuung dieser Promotion.

Meiner Familie und vor allem meiner lieben Frau Dorothée gilt mein größter Dank. Sie waren für mich stets ein großer Rückhalt und haben mich mit allen Kräften unterstützt. Besonders während der Zeit vor der Doktorprüfung wurde aufopferungsvoll korrigiert, zugehört, beraten und beruhigt.

Alle haben so dazu beigetragen, dass die Zeit in Aachen sehr erfolgreich gewesen ist und vor allem unglaublich viel Spaß gemacht hat – ich möchte sie niemals missen!

Lindlar, im Dezember 2013 Mario Isermann

"If you're having a bad day, catch a wave."

Frosty Hesson

Inhaltsverzeichnis

Abbildungsverzeichnis

1 Einleitung

1.1 Ausgangssituation

Das produzierende Gewerbe ist aktuell einer der bedeutendsten Faktoren der wirtschaftlichen Entwicklung in Deutschland. Mit 594 Milliarden Euro macht es 23,8% des deutschen Bruttoinlandsproduktes aus[1]. Die deutsche Industrie steht dabei in einem zunehmenden Wettbewerb, sowohl auf dem Binnen- als auch auf dem Exportmarkt.

Aktuell ergeben sich die folgenden zentralen Herausforderungen für die deutsche Produktionstechnik

- Die Produkte und damit auch die Produktionsprozesse sind durch einen zunehmenden Grad an Komplexität charakterisiert.[2]
- Die Kunden fordern verstärkt Produkte, die durch eine hohe Variantenvielfalt gekennzeichnet sind.[3]
- Die Rahmenbedingungen der internationalen Märkte sind immer stärker von einem zunehmenden Wandel geprägt.[4]
- Durch günstige Arbeitskräfte in sogenannten Niedriglohnländern wird ein enormer Kostendruck verursacht.[5]

Diese Faktoren erzeugen ein hoch anspruchsvolles und turbulentes Umfeld für Unternehmen, die am Standort Deutschland konkurrenzfähig produzieren wollen.

Komplexe Produkte und Prozesse sowie eine zunehmende Variantenvielfalt stellen neue Anforderungen an Produktionssysteme. Diese müssen in der Lage sein, die Produkte effizient und mit einer stabilen Qualität zu fertigen. Zudem benötigen sie ein hohes Maß an Flexibilität und Wandlungsfähigkeit. Besonders in Kombination mit sich stetig wandelnden Märkten ergibt sich ein Umfeld, das durch verkürzte Produktlebenszyklen und schwankende Nachfragezahlen charakterisiert ist. Zusätzlich wird dieser Markt durch in letzter Zeit vermehrt auftretende globale Krisen geprägt.

Allerdings bieten diese anspruchsvollen Rahmenbedingungen neben Herausforderungen auch Chancen. Unternehmen, die in dem beschriebenen Umfeld erfolgreich sein möchten, müssen sowohl im Bereich der Produktionstechnologie als auch auf organi-

[1] *Bruttoinlandsprodukt 2010 für Deutschland*, (Wiesbaden: Statistisches Bundesamt, 2011), S. 10.

[2] T. Hamann, *Lernfähige intelligente Produktionsregelung*, ed. B. Scholz-Reiter, Informationstechnische Systeme und Organisation von Produktion und Logistik (Berlin: GITO-Verlag, 2008), S. 1.

[3] P. Nyhuis et al., "Wandlungsfähige Produktionssysteme," *wt Werkstattstechnik online* 99, no. 4 (2009): S. 205.

[4] Ebenda.

[5] C. Brecher und F. Possel-Dölken, "Modellierung flexibler Fertigungssysteme," *wt Werkstattstechnik online* 95, no. 7 (2005): S. 594.

satorischer Ebene Maßstäbe setzen. Dies gelingt nur mit Hilfe hochqualifizierten Personals und durch eine kontinuierliche Weiterentwicklung, die zu einem dauerhaften Technologievorsprung führt. Hier zeigt sich ein Vorteil für Unternehmen in Hochlohnländern, die über weitaus bessere Ressourcen verfügen als ihre Konkurrenz in Niedriglohnländern.

Ein Bereich, der für einen dauerhaften Technologievorsprung von zentraler Bedeutung ist, ist die Produktionsregelung. Sowohl durch komplexere Produkte und Prozesse als auch durch eine erhöhte Variantenvielfalt und kürzere Produktlebenszyklen ergeben sich technologische Anforderungen, die von den aktuell gängigen Technologien nicht mehr erfüllt werden können. Dies führt häufig zu zahlreichen 100%-Prüfungen sowie zu erhöhten Nacharbeits- oder gar Ausschussraten. Steigende Produktionskosten und damit eine sinkende Wettbewerbsfähigkeit sind die Folge. Gelingt es, Technologien zur Regelung dieser komplexen Prozesse zu entwickeln, so dass eine stabile Produktqualität erreicht und Nacharbeit bzw. Ausschuss minimiert wird, so ergeben sich für die Unternehmen bedeutende Einsparpotentiale. Diese sind besonders durch den Kostendruck aus Niedriglohnländern ein erfolgsentscheidender Faktor.

1.2 Definition der verwendeten Begriffe

Im Folgenden werden einige zentrale Begriffe dieser Arbeit definiert, um den Lesern ein einheitliches Verständnis zu ermöglichen.

Ein **Agent** ist ein Computersystem das sich in einer bestimmten Umgebung befindet und welches fähig ist, eigenständige Aktionen in dieser Umgebung durchzuführen, um seine (vorgegebenen) Ziele zu erreichen.[6]

Autonomie steht für die inhärente Selbständigkeit eines Systems. Ein autonomes System ist in der Lage eigenständig Entscheidungen zu treffen, um ein bestimmtes Ziel zu erreichen.

Flexibilität bedeutet, dass ein System schnell und ohne Investitionen innerhalb eines vorgegebenen Korridors angepasst werden kann.[7] Im Bereich der Produktionsregelung bedeutet Flexibilität bspw. die freie Variierung einzelner Produktionsparameter.

Der Begriff **Intelligenz** stammt aus der Psychologie und ist ein Maß dafür, wie gut unterschiedliche Personen in verschiedenen Testaufgaben abschneiden. Bis heute existiert keine einheitliche Definition von Intelligenz. Im Rahmen dieser Arbeit spielt die künstliche Intelligenz eine zentrale Rolle. Diese wird von SCHNEIDER wie folgt definiert: „Wissen zu erwerben, zu behalten und anzuwenden, das Wesentliche eines Sachver-

---

[6] M. Wooldridge, *Intelligent Agents: The Key Concepts* (Liverpool: Department of Computer Science University of Liverpool, 2002), S. 5.

[7] Nyhuis et al., "Wandlungsfähige Produktionssysteme," S. 206.

haltes oder eines Vorganges schnell und richtig zu erfassen, sich in ungewohnten Situationen schnell, gewandt und mit Erfolg zurechtfinden"[8].

Kognition bezeichnet die Art und Weise der Informationsverarbeitung und Entscheidung beim Menschen. In Kapitel 3.1.1 wird Kognition für den Rahmen dieser Arbeit definiert.

Komplexität wird aus mathematischer Sicht durch zwei Aspekte beschrieben. Zum einen durch den Grad an Nichtlinearität, zum anderen durch die Anzahl der Dimensionen eines Problems.[9] In der Produktionsregelung steht die Anzahl der Dimensionen für die zu betrachtenden Produktionsparameter. Die Nichtlinearität bezieht sich auf die Ursache-Wirkungs-Zusammenhänge zwischen Produktions- und Produktparametern.

Ein **Modell** ist ein möglichst repräsentatives Abbild eines Teiles der Wirklichkeit. Nach STACHOWIAK ist ein Modell durch drei Merkmale gekennzeichnet[10]:

- Ein Modell ist immer eine Abbildung oder Repräsentation von etwas.
- Ein Modell erfasst nicht alle Attribute des Originals, sondern nur Attribute die für den Nutzer des Modells relevant sind
- Modelle sind pragmatisch, d.h. sie wurden für einen bestimmten Zweck bzw. für einen bestimmten Nutzer entworfen

Als **Optimierer** wird in dieser Arbeit ein System, Modul oder Algorithmus bezeichnet, der aus einer Vielzahl möglicher Parameter eine oder mehrere Kombinationen findet, die zur Erreichung eines vorher festgelegten Ziels oder Zustands führen.

Ein **Produktionsprozess** ist eine Abfolge von einzelnen Produktionsschritten, die in Summe ein fertiges Produkt ergeben. Im Rahmen dieser Arbeit werden Fertigung und Montage betrachtet.

Die **Produktionsregelung** ist für eine dynamische Einstellung der Produktionsparameter zuständig. Sie reagiert derart auf äußere Einflüsse, dass der zu regelnde Produktionsprozess Produkte mit gleichbleibender Qualität produziert.

Ein **Prozessmodell** ist im Rahmen dieser Arbeit ein Modell eines Produktionsprozesses oder eines Teilabschnitts eines Produktionsprozesses.

Qualität kann aus verschiedenen Sichtweisen beurteilt werden. GARVIN unterscheidet das transzendente (subjektive), das produktbezogene, das kundenbezogene und das wertorientierte Qualitätsverständnis[11]. Diese verschiedenen Sichtweisen führen zu unterschiedlichen Beurteilungsergebnissen, da die einzelnen Kriterien sich gegenseitig beeinflussen. Im Rahmen dieser Arbeit steht Qualität für die klassische Produktqualität,

---

[8] H.J. Schneider, *Lexikon Informatik und Datenverarbeitung* (München: Oldenbourg, 1998), S. 431.

[9] Hamann, *Lernfähige intelligente Produktionsregelung*: S. 36.

[10] H. Stachowiak, *Allgemeine Modelltheorie* (Wien: Springer, 1973), S. 131ff.

[11] D.A. Garvin, "What does product quality really mean?," *Sloan Management Review* 26, no. 1 (1984).

also für die ordnungsgemäße Funktion, Anmutung und Lebensdauer eines Produktes. Qualität ist damit ein direkter Indikator für den Kundennutzen des Produktes.

Wandlungsfähigkeit geht einen Schritt weiter als Flexibilität. Sie wird als Potential verstanden, das eine schnelle Anpassung auch jenseits vorgehaltener Korridore in Bezug auf Organisation und Technik bei einem gleichzeitig geringem Investitionsaufwand ermöglicht.[12] Für die Produktionsregelung bedeutet Wandlungsfähigkeit die Möglichkeit, die Prozesse nicht nur innerhalb der einzelnen Parameter, sondern auch strukturell zu verändern.[13]

1.3 Forschungsmethodologie und Aufbau der Arbeit

Das Ziel dieser Arbeit ist die Entwicklung eines Systems zur Regelung komplexer Produktionsprozesse. Das System soll in der Lage sein, komplexe Prozesse, die einem ständigen Wandel unterliegen, effektiv und effizient zu regeln. So wird eine stabile Produktqualität erreicht und Nacharbeit bzw. Ausschuss minimiert. Die Realisierung des Systems basiert auf kognitiven Technologien.

Dabei richtet sich die Arbeit nach dem exploristischen Forschungsansatz von KUBICEK. In diesem wird der Forschungsprozess durch Fragen bestimmt[14]. Die zentrale Forschungsfrage dieser Arbeit lautet:

> *Können komplexe Produktionsprozesse mit einer Vielzahl inhärenter Abhängigkeiten mit Hilfe von kognitiven Technologien effektiv und effizient geregelt werden?*

In Kapitel 3.5 wird diese Forschungsfrage weiter konkretisiert. Um die Forschungsfrage zu beantworten, wird innerhalb der Arbeit eine Vorgehensweise gewählt, die sich an das Modell der angewandten Forschung nach ULRICH[15] anlehnt.

---

[12] H.P. Wiendahl und R. Hernández, "The Transformable Factory - Stragegies, Methods and Examples," in *Reconfigurable Manufacturing Systems and Transformable Factories*, ed. A.I. Dashchenko (Heidelberg: Springer, 2006), S. 385.

[13] Nyhuis et al., "Wandlungsfähige Produktionssysteme," S. 206.

[14] H. Kubicek, "Heuristische Bezugsrahmen und heuristisch angelegte Forschungsdesigns als Element einer Konstruktionsstrategie empirischer Forschung," in *Empirische und handlungstheoretische Forschungskonzeptionen in der Betriebswirtschaftslehre*, ed. R. Köhler (Stuttgart: Poeschel, 1977), S. 13ff.

[15] H. Ulrich, "Die Betriebswirtschaftslehre als anwendungsorientierte Sozialwissenschaft," in *Management*, ed. T. Dyllick und G. Probst (Bern: Haupt, 1984), S. 192.

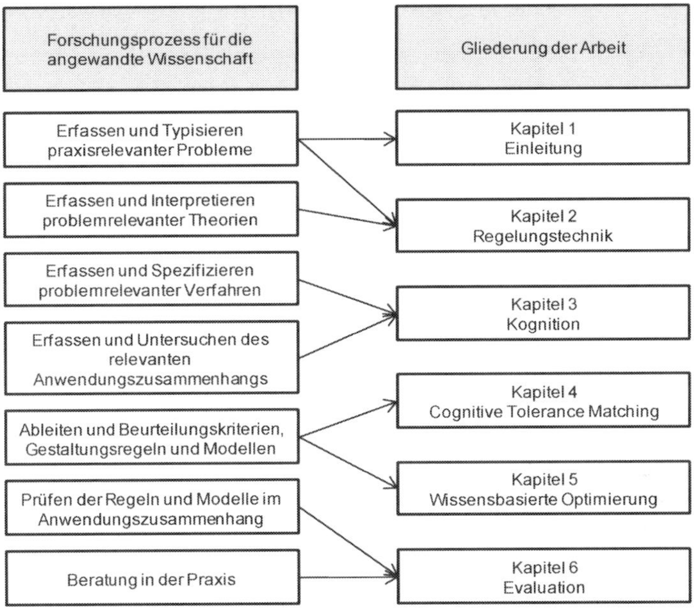

Abbildung 1.1: Vorgehensweise innerhalb der Arbeit

In Abbildung 1.1 ist die Vorgehensweise nach ULRICH dargestellt und an die einzelnen Kapitel dieser Arbeit gespiegelt. Der gewählte explorative Ansatz arbeitet nach einem iterativen Lernprozess, dessen Ziel es ist, Erfahrungswissen über theoretisch gestellte Fragen aufzubauen und so allgemeine Aussagen über die Realität fassen zu können[16] [17].

Nach der Einleitung folgt in Kapitel 2 eine detaillierte Beschreibung aktueller Herausforderungen zur Regelung komplexer Produktionsprozesse. Nach einer Vorstellung des Konzeptes der funktionsorientierten Produktionsregelung wird der Ansatz der Selbstoptimierung als Möglichkeit für eine solche funktionsorientierte Regelung diskutiert. Das Kapitel schließt mit einem aktuellen Stand der Technik und daraus resultierenden Defiziten.

In Kapitel 3 wird die Möglichkeit diskutiert, kognitive Technologien zur Ausgestaltung eines selbstoptimierenden Regelungssystems einzusetzen. Das Kapitel beginnt mit einer Modellierung kognitiver Informationsverarbeitung. Anschließend werden kognitive Technologien vorgestellt und bzgl. ihrer Potentiale für den Einsatz in der Produktionsregelung bewertet. Es folgt eine Diskussion aktuell existierender Ansätze zum industri-

[16] Kubicek, "Heuristische Bezugsrahmen und heuristisch angelegte Forschungsdesigns als Element einer Konstruktionsstrategie empirischer Forschung," S. 13f.

[17] Ulrich, "Die Betriebswirtschaftslehre als anwendungsorientierte Sozialwissenschaft," S. 193f.

ellen Einsatz kognitiver Technologien. Das Kapitel schließt mit einem Zwischenfazit und einer Konkretisierung der aufgestellten Forschungsfrage.

In den Kapiteln 4 und 5 wird Cognitive Tolerance Matching (CTM), ein kognitives System zur Regelung komplexer Produktionsprozesse entwickelt. In Kapitel 4 werden die Einsatzmöglichkeiten und das Gesamtkonzept von CTM beschrieben. Im Kern besteht CTM aus einem Prozessmodell und einem Optimierer. Der Schwerpunkt dieser Arbeit liegt auf der Entwicklung des Optimierers. Es handelt sich dabei um einen lernfähigen Optimierer, der mit Hilfe kognitiver Technologien realisiert ist. In Kapitel 5 wird dieses Optimierungskonzept detailliert vorgestellt.

Schließlich wird das entwickelte Konzept in Kapitel 6 evaluiert. Für die Evaluation werden zwei verschiedene Szenarien herangezogen. Zum einen ein Modell einer Welle-Nabe-Verbindung, zum anderen die Hinterachsgetriebeproduktion eines deutschen Automobilherstellers. Bei der Welle-Nabe-Verbindung handelt es sich um eine für die Entwicklung von CTM generierte Konstruktion, die die Regelung zahlreicher Einflussgrößen ermöglicht. Die Hinterachsgetriebeproduktion ist ein Anwendungsfall aus der industriellen Praxis. Es wird das Ziel verfolgt, die Fertigungs- und Montageprozesse so zu regeln, dass die produzierten Getriebe ein stabiles akustisches Verhalten aufweisen.

Die Arbeit schließt mit einer Zusammenfassung.

1.4 Wissenschaftliche Positionierung der vorliegenden Arbeit

Zur wissenschaftlichen Einordnung der Arbeit wird Wissenschaft im Folgenden definiert. Wissenschaft lässt sich in Formal- und Realwissenschaft aufteilen.

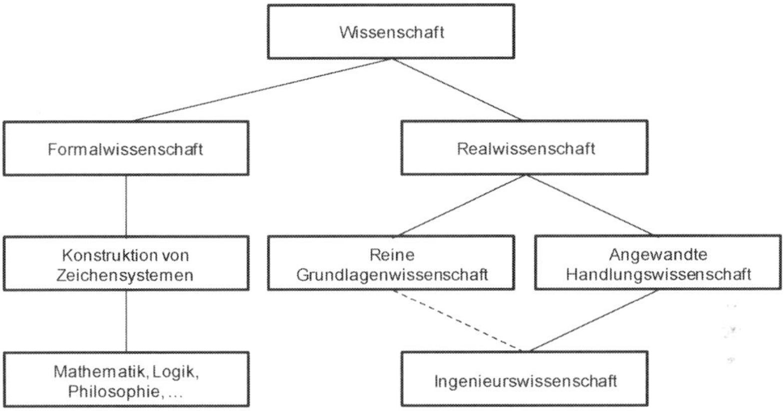

Abbildung 1.2: Unterteilung der Wissenschaften[18]

Formalwissenschaften hinterlegen Zeichensysteme mit einem Regelwerk. Beispiele hierfür sind die Mathematik, die Logik, aber auch die Philosophie. Diese Zeichensysteme verfügen über keine physische Existenz.[19]

Realwissenschaften befassen sich mit der Beschreibung, Erklärung und Gestaltung empirisch wahrnehmbarer und nachweisbarer Zusammenhänge. Dabei lassen sie sich in reine Grundlagenwissenschaft und angewandte Handlungswissenschaft aufteilen.[20] Die Grundlagenwissenschaft stellt allgemeingültige Prinzipien auf und versucht diese kritisch zu hinterfragen. In der angewandten Wissenschaft werden die Resultate der Grundlagenwissenschaft in einen praktischen Anwendungszusammenhang überführt.[21]

Die vorliegende Arbeit ist im Bereich der Ingenieurswissenschaft angesiedelt und lässt sich in den Bereich der angewandten Handlungswissenschaften einordnen. Grundsätzlich kann im Rahmen der Ingenieurswissenschaft auch ein Teil reiner Grundlagenwissenschaft betrieben werden. In dieser Arbeit wird jedoch auf bereits erarbeitete Grund-

---

[18] J. Kukolja, *Absicherung der unternehmensübergreifenden Produktentwicklung in komplexen Lieferketten*, ed. F. Klocke, et al., vol. 4/2009, Ergebnisse aus der Produktionstechnik (Aachen: Apprimus Verlag, 2009), S. 6.

[19] P. Ulrich und W. Hill, "Wissenschaftstheoretische Grundlagen der Betriebswirtschaftslehre (Teil 1)," *Wirtschaftswissenschaftliches Studium* 7(1976): S. 305.

[20] K. Popper, "Die Logik der Sozialwissenschaften," in *Der Positivismusstreit in der deutschen Soziologie*, ed. H. Maus und F. Fürstenberg (Neuwied: Luchterhand, 1969), S. 116.

[21] H. Ulrich, "Die Betriebswirtschaftslehre als anwendungsorientierte Sozialwissenschaft," in *Die Führung des Betriebes*, ed. M.N. Geist und R. Köhler (Stuttgart: Poeschel, 1981), S. 5.

lagen und Modelle aus den Bereichen Regelungstechnik, Optimierung und Kognition zurückgegriffen. Auf Basis dieser Grundlagen wird die Entwicklung der CTM-Systematik durchgeführt.

2 Systeme zur Beherrschung von Produktionsprozessen mit einer Vielzahl inhärenter Abhängigkeiten

Das Ziel der Beherrschung jeglicher Produktionsprozesse ist die effiziente Fertigung von Produkten mit einer stabilen, idealerweise hohen Qualität. Um dieses Ziel zu erreichen, wird im Rahmen dieser Arbeit der Ansatz der funktionsorientierten Produktionsregelung verfolgt. Dieser wird im Folgenden vorgestellt, und es werden entsprechende Forderungen, besonders an die Regelung komplexer Produktionsprozesse, abgeleitet. Abschließend werden mit einem Abgleich an den Stand der Forschung Potentiale identifiziert und vorhandene Defizite aufgezeigt.

2.1 Funktionsorientierte Produktionsregelung

Regelkreise sind heute ein elementarer Bestandteil sämtlicher Produktionssysteme. Dabei lassen sich vier Typen von Regelkreisen unterscheiden:[22]

- Maschineninterne Regelkreise
- Maschinennahe Regelkreise
- Ebeneninterne Regelkreise
- Ebenenübergreifende Regelkreise

Maschineninterne Regelkreise dienen dem stabilen Betrieb einer Produktionsmaschine. Sie wirken vollständig innerhalb einer einzelnen Maschine. Ein Beispiel für einen maschineninternen Regelkreis ist die Lageregelung des Vorschubs einer Werkzeugmaschine. Maschineninterne Regelkreise lassen sich meist sehr gut automatisieren und arbeiten in Echtzeit.

Maschinennahe Regelkreise sind nicht auf eine einzelne Maschine beschränkt. Sie regeln einen Produktionsprozess, der sich über mehrere Bearbeitungsschritte und Bearbeitungsstationen erstreckt. So kann in nachgelagerten Prozessschritten auf Ergebnisse vorheriger Prozessschritte reagiert werden. Die Herausforderung bei einem solchen Regelkreis ist das exakte Verständnis der Ursache-Wirkungs-Zusammenhänge der gesamten Prozesskette.

Zusätzlich kann eine Differenzierung darüber stattfinden, ob ein Regelkreis innerhalb einer Unternehmensebene installiert ist oder ob er über mehrere Unternehmensebenen hinweg wirkt. Besonders die ebenenübergreifenden Regelkreise sind häufig nicht technischer, sondern organisatorischer Natur.

---

[22] R. Schmitt und T. Pfeifer, *Qualitätsmanagement*, 4. (München, Wien: Hanser, 2010), S. 533ff.

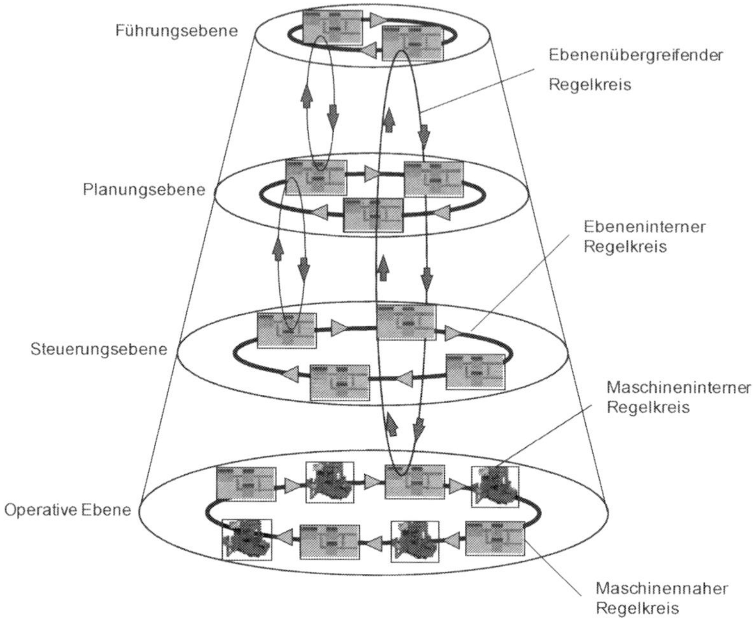

Abbildung 2.1: Verschiedene Regelkreistypen[23]

Abbildung 2.1 stellt die verschiedenen Regelkreistypen über die Unternehmensebenen hinweg dar.

Das Ziel der verschiedenen Regelkreise ist die stabile Erfüllung einer gewünschten Prozess- und Produktqualität. Dabei ist der funktionsorientierte Produktionsansatz von besonderer Bedeutung. Dieser Ansatz beschäftigt sich mit der Frage, wie betriebliche Funktionen gestaltet sein müssen, um ein Produkt erfolgreich auf dem Markt abzusetzen.[24] In bestimmten Situationen ist ein funktionsorientiertes Qualitätsoptimum ausreichend und wirtschaftlicher. Das Qualitätsoptimum liegt nicht mehr bei der maximalen Qualität, sondern am funktionsorientierten Optimum. Dadurch ist ein Prozess effizienter und kann schlanker gestaltet werden. Dies wird durch die Orientierung am Zielobjekt und die Fokussierung auf Qualität und Effizienz der Erfüllung der Anforderung erreicht[25]. Falls das Bauteil das Optimum übersteigt, liegt eine Übererfüllung vor. Unter

[23] R. Schmitt, *Qualitätsmanagement*, Skript zur Vorlesung (Aachen: Lehrstuhl für Qualitätsmanagement und Fertigungsmesstechnik der RWTH-Aachen, 2010).

[24] T Bamert, "Markenwert. Der Einfluss des Marketing auf den Markenwert bei ausgewählten Schweizer Dienstleistungsunternehmen," in *Marken – und Produktmanagement*, ed. F.R. Esch, et al. (Wiesbaden: Gabler GWV Fachverlag, 2005), S. 63.

[25] Bundesministerium des Inneren, "Organisationshandbuch. Funktionsorientierung vs. Prozessorientierung,"

dem Übererfüllungsgrad ist der Bereich zu verstehen, in dem eine Steigerung der technischen Qualität keinen weiteren Nutzen bringt, jedoch mehr Kosten verursacht werden. In Abbildung 2.2 werden diese Zusammenhänge dargestellt.

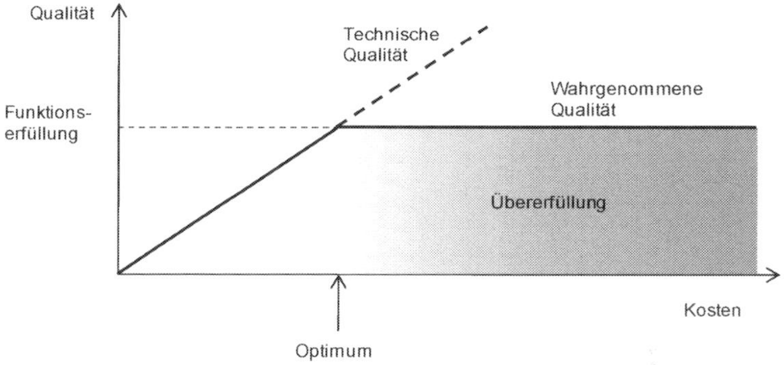

Abbildung 2.2: Funktionsorientierte Qualität

Besonders Toleranzen haben einen signifikanten Einfluss auf die wahrgenommene Qualität und die Produktionskosten. Die Funktionalität eines Produktes ergibt sich durch die Interaktion seiner einzelnen Komponenten. Als typische Eigenschaft einzelner Komponenten kann bspw. die Geometrie genannt werden. Diese ist durch Maße und die zugehörigen Toleranzen definiert. Der Einfluss der Toleranzen erstreckt sich dabei über den gesamten Produktlebenszyklus (vgl. Abbildung 2.3).

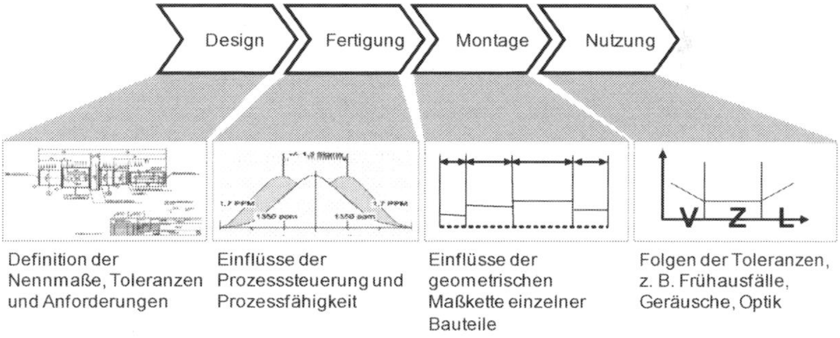

Abbildung 2.3: Toleranzen entlang des Produktlebenszyklus

http://www.orghandbuch.de/nn_412258/OrganisationsHandbuch/DE/1__Einfuehrung/11__Organisation/112__FunktionVsProzess/funktionvsprozess-node.html?__nnn=true.

In der Designphase eines Produktes werden die zu realisierenden Produktfunktionen in Nennmaße und zugehörige Toleranzen übersetzt. Die Angabe fester Maße und zugehöriger Toleranzen ist notwendig, da die Fertigung nach dem aktuellen Stand der Technik geometrieorientiert arbeitet.[26] Für den Kunden eines Endproduktes steht jedoch nicht die Geometrie, sondern die Funktion des Produktes im Vordergrund. Zur Sicherstellung der Produktfunktion spielen die einzelnen Bauteiltoleranzen eine entscheidende Rolle. Diese sind so gewählt, dass das Endprodukt bei Abweichungen der einzelnen Komponenten innerhalb der jeweiligen Toleranzgrenzen seine Funktion erfüllen kann und somit die Kundenanforderungen erfüllt werden.

Jedoch befindet man sich bei der Entwicklung und Konstruktion und der damit einhergehenden Toleranzauslegung in einem Spannungsfeld. Zum einen muss die Funktionserfüllung des Produktes sichergestellt sein, zum anderen müssen die Produktionskosten so gering wie möglich gehalten werden. Diese steigen mit den Genauigkeitsanforderungen an geometrische Maße stark an.[27] Es entsteht ein Zielkonflikt zwischen gesicherter Produktfunktionalität und geringen Produktionskosten. Je nach Positionierung in dem Spannungsfeld entstehen häufig entweder produktseitige Qualitätsprobleme oder fertigungsseitige Kostenprobleme[28]. Falsch ausgelegte Toleranzen sind einer der häufigsten Gründe für Qualitätsprobleme in der industriellen Fertigung.[29]

Toleranzabweichungen treten mit einer von der Güte des Produktionsprozesses abhängigen Verteilung auf. Abbildung 2.4 zeigt die Verteilung der Toleranzabweichungen exemplarisch für einen Produktionsprozess einer einzelnen Komponente. Mit Hilfe einer effektiven Produktionsregelung lässt sich die Güte des Prozesses verbessern und die Wahrscheinlichkeit einer Toleranzabweichung reduzieren. Voraussetzung dafür ist die Kenntnis über die Ursache der Abweichungen. Der Einfluss von Toleranzabweichungen auf ein Produkt kann über eine Verlustfunktion beschrieben werden[30]. Die Verlustfunktion beschreibt die aus einer Abweichung vom Idealmaß entstehenden Kosten. Anhand der Verlustfunktion kann bspw. entschieden werden, ab welcher Maßabweichung eine Nacharbeit wirtschaftlich ist oder das Bauteil als Ausschuss behandelt werden muss. Meist werden die Produktionsprozesse einzelner Bauteile eines Produktes unabhängig voneinander auf möglichst gute Maßerreichung geregelt und optimiert.

[26] W. Jorden, *Form- und Lagetoleranzen : Handbuch für Studium und Praxis* (München: Hanser, 2008), S. 184ff.

[27] Ebenda, S. 250ff.

[28] M. Merget, *Kostenoptimierung durch Toleranzvariation im Simultaneous Engineering* (Aachen: Shaker, 2004), S. 2f.

[29] E. Scherms, "Tolerierung durch Qualitätsdatenanalyse," *Konstruktion* 50(1998): S. 31ff.

[30] P. J. Ross, *Taguchi techniques for quality engineering* (New York: McGraw-Hill, 1996), S. 3ff.

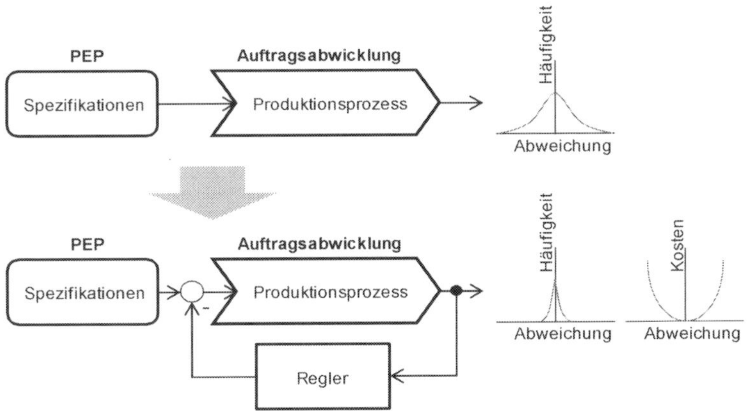

Abbildung 2.4: Produktionsregelung eines Bauteils

Eine solche Verlustfunktion ist exemplarisch in Abbildung 2.4 dargestellt. Die Kosten steigen überproportional mit der Größe der Abweichung.

Besteht das Produkt oder die Baugruppe aus mehreren Komponenten, ergibt sich oft die Möglichkeit, Abweichungen in nachfolgenden Prozessschritten auszugleichen, bspw. in der Montage.

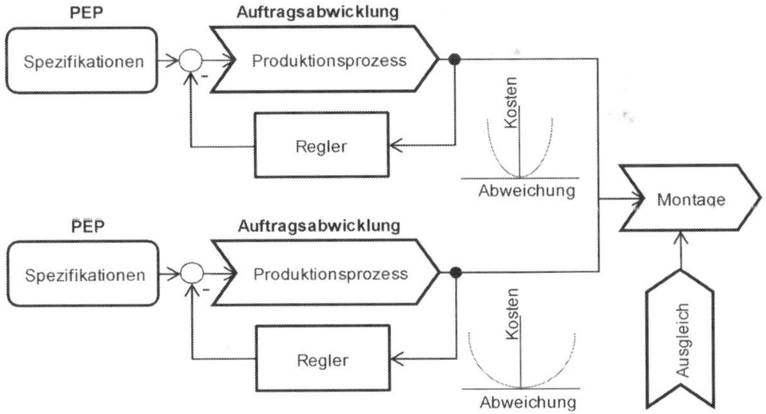

Abbildung 2.5: Produktionsregelung mehrerer Bauteile

Dazu werden typischerweise Bauteile aus technologisch gut beherrschten Prozessen mit einer sehr geringen Abweichung vom Sollmaß verwendet. Durch maßorientiertes

Zusammenfügen dieser Komponenten können Maßabweichungen ausgeglichen und Nacharbeit verhindert werden (vgl. Abbildung 2.5).

Durch die Möglichkeit, Abweichungen einzelner Bauteile untereinander auszugleichen, entsteht Optimierungspotential. Um dieses zu nutzen, können die Verlustfunktionen jedoch nicht mehr nur einzeln betrachtet werden, sondern müssen als mehrdimensionale Funktion kombiniert werden. Dies wird bspw. in der Montage von Wälzlagern praktiziert.

Zur Erreichung einer optimalen Passgenauigkeit zwischen Innenring, Wälzkörpern und Außenring wird in der Montage eine Paarung anhand der in der Fertigung erzielten Maße durchgeführt. Die Paarung ist möglich, da für eine optimale Funktionserfüllung der Wälzlager die Tolerierung der einzelnen Bauteile nicht absolut, sondern relativ zueinander von Bedeutung ist.

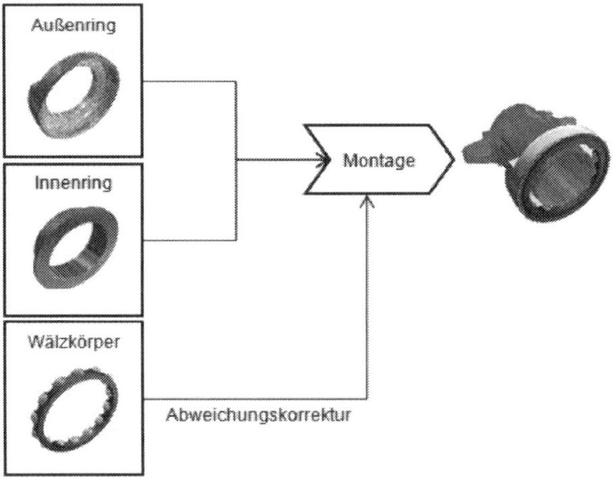

Abbildung 2.6: Montage eines Wälzlagers durch Paarungsauswahl mittels Wälzkörpern (Bsp: Kupplungsausrücklager)

Abbildung 2.6 zeigt exemplarisch die für die Produktion eines KFZ-Kupplungsausrücklagers durchzuführenden Paarungen zwischen Außenring, Wälzkörper und Innenring. Die Wälzkörper sind sehr passgenau herzustellen und ermöglichen den Ausgleich der aus der Paarung von Außenring und Innenring entstandenen Abweichungen.[31]

[31] R. Schmitt, *Aufbau flexibler Mess- und Prüfstationen für die flexible Montage* (Aachen: Shaker, 2000), S. 109.

Diese maßabhängige Paarung der Einzelteile erlaubt eine kostengünstigere Fertigung und ermöglicht trotzdem die Herstellung hochpräziser Lager.[32]

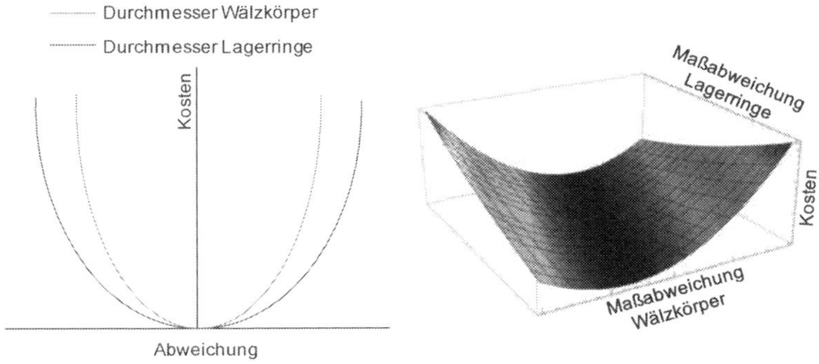

Abbildung 2.7: Kostenfunktionen von Lagerringen und Wälzkörpern

Abbildung 2.7 zeigt links die einzelnen Kostenfunktionen für die Maßabweichungen der Wälzkörper und der Lagerringe. Die Ebenenfunktion rechts in der Abbildung zeigt das Zusammenwirken der beiden Kostenfunktionen. Es wird deutlich, dass es einen breiten Bereich für eine minimierte Kostenfunktion gibt, der durch gezielte Paarung einzelner Komponenten erreicht werden kann.

2.2 Forderungen an die Regelung von Produktionsprozessen mit einer Vielzahl inhärenter Abhängigkeiten

2.2.1 Besonderheiten von Produktionsprozessen mit einer Vielzahl inhärenter Abhängigkeiten

In Kapitel 2.1 wurde der Zusammenhang zwischen Toleranzabweichungen und daraus entstehenden Kosten erläutert. Demnach ist es das Ziel einer Produktionsregelung das Produktionssystem stabil in dem Minimum der Kostenfunktion zu betreiben. Zur Aufstellung der Kostenfunktion ist es jedoch notwendig, die Zusammenhänge zwischen einzelnen Abweichungen und den entstehenden Kosten mathematisch zu beschreiben. Allerdings verfügen viele Produktionsprozesse, besonders von anspruchsvollen Produkten, nicht über vollständig bekannte Zusammenhänge zwischen Variationen der Produktionsparameter und der resultierenden Funktionserfüllung des Bauteils. Der

[32] G. Niemann, H. Winter, und B. R. Hohn, *Maschinenelemente, Band 1 Konstruktion und Berechnung von Verbindugen, Lagern, Wellen* (Berlin; New York: Springer-Verlag, 2005), S. 594.

Grund sind vielschichtige Abhängigkeiten einer Fülle von Einflussgrößen, die über den gesamten Produktionsprozess verteilt sein können.

Ein Beispiel für derart komplexe Produktionsprozesse ist die Getriebeproduktion. Ein Getriebe wird primär durch die Größen Festigkeit, Wirkungsgrad und Akustik charakterisiert. Diese Größen können durch zahlreiche Parameter während der Materialauswahl, der Fertigung und der Montage beeinflusst werden. Zusätzlich ergibt sich die Herausforderung, dass Festigkeit, Wirkungsgrad und die Akustik eines Getriebes nicht unabhängig voneinander beeinflusst werden können. So können Optimierungsmaßnahmen für die Akustik die Festigkeit oder den Wirkungsgrad negativ beeinflussen. Diese vielschichtigen Zusammenhänge lassen sich derzeit nicht mathematisch beschreiben, so dass das Aufstellen einer analytischen Kostenfunktion und damit die Implementierung einer klassischen Produktionsregelung nicht möglich sind.

Das Fehlen einer stabilen automatisierten Produktionsregelung erzwingt häufig umfangreiche 100%-Prüfungen sowohl während des Prozesses als auch am fertigen Produkt. Werden im Rahmen der Prüfungen Abweichungen festgestellt, kann nicht immer zielgerichtet reagiert werden, so dass eine erhöhte Menge an Ausschuss entsteht. Eine Null-Fehler-Produktion ist auf diese Weise nicht zu realisieren.

2.2.2 Abgeleitete Forderungen an eine flexible Produktionsregelung

Komplexe Prozesse, wie die hier als Anwendungsfall ausgewählte Getriebeproduktion, erfordern demnach Methoden, die über einfache Paarungsauswahl hinausgehen. Man benötigt eine Regelung, die parallel die verschiedenen Einzelprozesse aufeinander abstimmen kann. In Abbildung 2.8 ist eine solche Regelung beispielhaft für ein Paar aus Kegelrad und Tellerrad dargestellt.

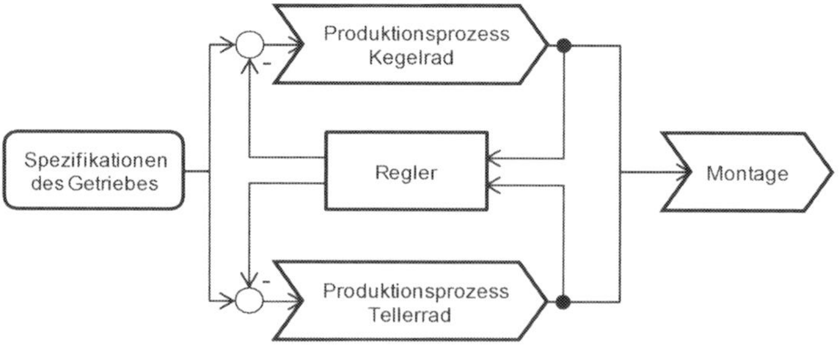

Abbildung 2.8: Mehrzielregelung in der Getriebeproduktion

Bei unbekannten Ursache-Wirkungs-Zusammenhängen kann jedoch die Regelstrecke nicht analytisch abgebildet werden. Eine klassische Regelung ist nicht möglich. Ein

Regler muss in der Lage sein, auch ohne ein analytisches Prozessmodell eine stabile Produktion zu ermöglichen.

Dabei sind die Ziele, die eine Funktionserfüllung des Produktes beschreiben, von zentraler Bedeutung. Untergeordnete Ziele, wie bspw. die Toleranzen einzelner Bauteile, müssen in einem begrenzten Umfang überschritten werden, wenn dies das Ergebnis eines anderen Produktionsschrittes in Bezug auf die Funktionserfüllung des fertigen Produktes korrigieren kann.

Diese Flexibilität bedeutet eine teilweise Abkehr einer exakten zentralen Planung. Eine zentrale Planung erfolgt in der Regel a priori und nicht in Echtzeit, so dass es bei zentralen, planungsorientierten Systemen schwer fällt, auf spontan auftretende Abweichungen zu reagieren.[33] Eine Alternative dazu bilden wertorientierte Ansätze, welche sich am sogenannten Wertstrom durch das Unternehmen orientieren. Ihr Ziel ist die Reduzierung zentraler Planungsaktivitäten zugunsten von dezentralen Maßnahmen zur Steuerung und Regelung von Produktionsprozessen. Wertorientierte Ansätze zeichnen sich durch eine hohe Flexibilität aus, da Entscheidungen situationsabhängig am Ort des Geschehens getroffen werden. Rein wertorientierte Produktionssysteme haben jedoch den Nachteil, dass viele Optimierungspotentiale nicht genutzt werden können, da diese prozessübergreifend betrachtet werden müssen.[34]

Daher ist es für die Beherrschung komplexer Produktionsprozesse notwendig, planungsorientierte und wertorientierte Ansätze zu verbinden und so die Vorteile beider Strategien zu nutzen. Dafür müssen jedoch die Produktionsprozesse exakt modelliert werden und geeignete Stellgrößen identifiziert werden können, um die Prozesse in die gewünschte Richtung hin beeinflussen zu können.

Für die Erreichung einer funktionsorientierten Produktion ist es erforderlich das System so zu gestalten, dass es nicht nur in der Lage ist, einen Teilprozess auf ein fest vorgegebenes, geplantes Ziel hin zu regeln, sondern auch Teilziele, wie bspw. Toleranzen, dynamisch anzupassen. Diese Zielanpassung erfolgt im Idealfall nicht von außen, sondern von innen durch das technische System.

Ein System, das in der Lage ist aufgrund geänderter Eingangs- oder Rahmenbedingungen eigenständig endogene Veränderungen seines Zustandes oder seiner Struktur vorzunehmen, wird als selbstoptimierendes System bezeichnet.

Selbstoptimierende Systeme definieren sich durch ein Zusammenwirken der enthaltenen Elemente und der wiederkehrenden Ausführung der Aktionen

- Kontinuierliche Analyse der Ist-Situation,
- Bestimmung der Ziele und

---

[33] vgl. K. Erlach, *Wertstromdesign: der Weg zur schlanken Fabrik* (Heidelberg, Berlin [u.a.]: Springer, 2010), S. 170ff.

[34] A. Schatz, *Wertorientiertes M&A-Management* (München: GRIN Verlag GmbH, 2008), S. 28f.

- Anpassung des Systemverhaltens zur Erreichung der Ziele.[35]

In einer klassischen Regelung wird das Regelverhalten durch eine festgelegte Struktur und ein extern vorgegebenes Ziel bestimmt. Wenn der Regelkreis in der Lage ist, einzelne Regelparameter an beobachtete Änderungen anzupassen, spricht man von einem adaptiven Regelsystem. Ein selbstoptimierendes System ist zusätzlich durch eine Dynamisierung des Zielsystems charakterisiert. Es ist in der Lage, Teilziele der Regelung auf Basis interner Entscheidungen ständig neu zu bestimmen und die Regelstrecke dynamisch anzupassen. (vgl. Abbildung 2.9)

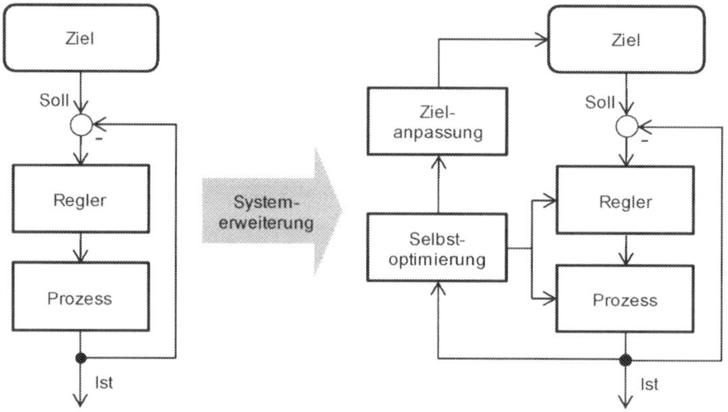

Abbildung 2.9: Von der klassischen Regelung zur Selbstoptimierung[36]

Zur eigenständigen Zielanpassung und zur Dynamisierung der Regelstrecke, also zur Veränderung von Fertigung, Montage und organisatorischen Prozessen, benötigen selbstoptimierende Produktionssysteme eine innere Struktur zur Erfassung und Analyse des Ist-Zustandes, zur Bestimmung der Systemziele und zur Anpassung des Systemverhaltens.

Ein selbstoptimierendes System zur Beherrschung von komplexen Produktionsprozessen ohne deterministische Regelfunktion muss die Prozesse in einem Modell simulieren können. Ist eine entsprechende Modellierung möglich, bedarf es einer Optimierungsstrategie, die mit Hilfe des Prozessmodells Parametervorschläge für die Produktion erstellt, mit denen die verschiedenen Zielvorgaben erfüllt werden können.

Dazu benötigt es Komponenten, die Autonomie und Wandlungsfähigkeit besitzen. Eine Realisierung ist durch kognitive Systeme denkbar. Diese sind in der Lage, ähnlich wie

[35] U. Frank et al., *Selbstoptimierende Systeme im Maschinenbau: Definitionen und Konzepte* (Paderborn: HNI Verlag, 2004), S. 22.

[36] Hierbei handelt es sich um eine vereinfachte Darstellung. Weitere Details zur Darstellung von Regelkreisen sowie Verweise auf die gültigen Normen finden sich in Kapitel 2.3.1

der Mensch, Informationen wahrzunehmen und zu interpretieren, Entscheidungen zu fällen und diese durch eine Handlung umzusetzen.

Ein kognitives System muss in die Fertigungs- und Montageprozesse eingreifen und gezielt einzelne Maße und Toleranzen variieren, um auf Abweichungen vorgelagerter Prozessschritte reagieren zu können. Das Ziel ist eine Reduzierung der Streuung des Ergebnisses miteinander verbundener Prozesse und eine Qualitätssteigerung des Endproduktes.

Das selbstoptimierende System muss prozessübergreifend ausgerichtet sein, um Material- und Informationsflüsse steuern und optimieren zu können. Es kann so in der Lage sein, durch eine inhärente Lernfähigkeit die Systemtransparenz zu erhöhen und einen kontinuierlichen Verbesserungsprozess voran zu treiben.

Für den Echtzeiteinsatz in einer Serienproduktion muss das System performant genug sein, um innerhalb eines Taktzyklus agieren zu können. Dabei muss es neben der Fähigkeit zur Analyse komplexer Prozesse auch flexibel und schnell auf Änderungen im System reagieren können.

2.3 Stand der Forschung zur flexiblen Steuerung und Regelung komplexer Produktionsprozesse

2.3.1 Regelungstechnische Grundlagen

Industrielle Produktionsprozesse können durch Steuerungs- und Regelungseinrichtungen geführt werden. Der Unterschied zwischen einer Steuerung und einer Regelung wird in der englischen Sprache besonders deutlich:

- „open loop control“ steht für die Steuerung
- „closed loop control“ steht für die Regelung

Eine Steuerung bezeichnet einen offenen Wirkungskreislauf und eine Regelung entsprechend einen geschlossenen Wirkungskreislauf.[37]

Kennzeichnend für die Steuerung ist die nur in eine Richtung verlaufende Signalübertragung. Die Steuerung verfügt über keine Rückmeldung des zu steuernden Systems. Dies führt dazu, dass mit einer Steuerung nicht auf die Einwirkung von Störgrößen reagiert werden kann. SCHULZ definiert die Steuerung wie folgt: *„Das Steuern, die Steuerung ist der Vorgang in einem System, bei dem ein oder mehrere Größen als Eingangsgrößen andere Größen als Ausgangsgrößen aufgrund der dem System eigentümlichen Gesetzmäßigkeiten beeinflussen. Kennzeichen für das Steuern ist der offene*

[37] G. Schulz, *Regelungstechnik 1 - Lineare und Nichtlineare Regelung, Rechnergestützter Reglerentwurf*, 3. (München: Oldenbourg Wissenschaftsverlag, 2007), S. 7.

Wirkungsablauf, bei dem die durch die Eingangsgrößen beeinflussten Ausgangsgrößen nicht wieder über dieselben Eingangsgrößen auf sich selbst wirken."[38]

Ein Beispiel für eine Steuerung wäre die Steuerung der Heizleistung in einem Ofen. Da eine Steuerung nicht über eine Rückkopplung verfügt ist sie nicht in der Lage auf die im Ofen vorhandene Temperatur zu reagieren. Es kann lediglich die Leistung gesteuert werden, die dem Ofen zugeführt wird.

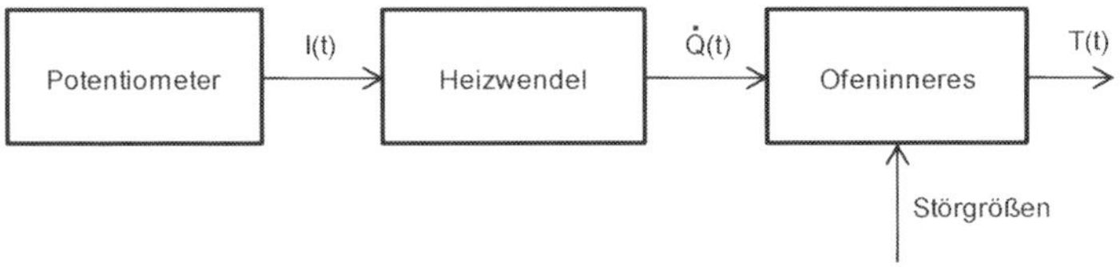

Abbildung 2.10: Steuerung der Heizleistung eines Ofens

Abbildung 2.10 zeigt die Steuerung schematisch. Durch das Potentiometer wird der Strom durch die Heizwendel bestimmt. Dieser bestimmt in Kombination mit dem Ofeninneren die im Ofen herrschende Temperatur. Aufgrund äußerer Störgrößen kann die Temperatur trotz konstanter Heizleistung sehr stark schwanken.

Eine Regelung ist im Gegensatz zu einer Steuerung durch ihre geschlossene Wirkungsweise charakterisiert. So kann die zu regelnde Größe an einen vorgegebenen Wert angepasst werden. Eine Regelung lässt sich wie folgt definieren: *„Das Regeln, die Regelung, ist ein Vorgang, bei dem fortlaufend eine Größe, die Regelgröße (die zu regelnde Größe) erfasst, mit einer anderen Größe, der Führungsgröße, verglichen und im Sinne einer Angleichung an die Führungsgröße beeinflusst wird. Kennzeichen für das Regeln ist der geschlossene Wirkungsablauf, bei dem die Regelgröße im Wirkungskreis des (geschlossenen) Regelkreises fortlaufend sich selbst beeinflusst.*"[39]

Wenn ein Mensch die Regelung einer technischen Einrichtung übernimmt, erfassen seine Sinnesorgane (bspw. die Augen) kontinuierlich die Situation. Die Informationen gelangen von den Sinnesorganen über die Nervenbahnen ins Gehirn. Dort wird analysiert, ob der Ist-Zustand des beobachteten Systems vom Soll-Zustand abweicht. Im Fall einer Abweichung werden über die Muskulatur entsprechende Korrekturen eingeleitet.[40]

Mit Hilfe einer Regelung lässt sich in einem Ofen nicht nur die Heizleistung steuern, sondern die Temperatur im Ofeninneren auf einem konstanten Niveau halten.

---

[38] Ebenda, S. 8.

[39] Ebenda, S. 7.

[40] P. F. Orlowski, *Praktische Regeltechnik - Anwendungsorientierte Einführung für Maschinenbauer und Elektrotechniker*, 7. (Berlin, Heidelberg: Springer, 2005), S. 3.

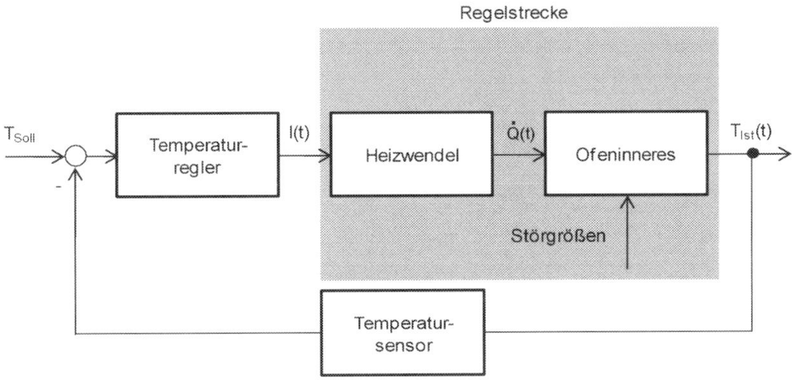

Abbildung 2.11: Regelung der Temperatur eines Ofens

Die Temperaturregelung kann beispielsweise über eine 2-Punkt-Regelung erfolgen. Sobald ein Schwellwert T_{min} unterschritten wird, werden die Heizwendel mit Strom beaufschlagt, wenn ein weiterer Schwellwert T_{max} überschritten wird, wird der Strom abgeschaltet. Es ergibt sich eine Hysterese, und T_{ist}, die Temperatur im Ofen, schwingt zwischen den Werten T_{min} und T_{max}.[41]

Im Folgenden werden die für diese Arbeit wichtigsten Begriffe der Regelungstechnik kurz definiert.[42] [43]

Regeleinrichtung

- Das vollständige Regelsystem. Es enthält die Sensorik, den Regler und die Einrichtungen zur Anpassung der Stellgröße. Die Aufgabe der Regeleinrichtung ist die Beseitigung einer eventuellen Differenz zwischen Führungsgröße und Regelgröße.

Regelstrecke

- Der zu regelnde Teil eines Systems.

Regelgröße

- Der Ist-Wert des zu regelnden Systems. Dieser Wert wird erfasst, mit dem Sollwert verglichen und dem Regler zugeführt.

---

[41] L. Litz, *Grundlagen der Automatisierungstechnik* (München: Oldenbourg Wissenschaftsverlag, 2005), S. 29.

[42] Siehe dazu: DIN 19221, 19225, 19226, 19227 und 19229

[43] Orlowski, *Praktische Regeltechnik - Anwendungsorientierte Einführung für Maschinenbauer und Elektrotechniker*. S. 5ff.

Stellgröße

- Der Ausgangswert des Reglers. Sie überträgt die Wirkung des Reglers auf die Regelstrecke.

Führungsgröße

- Der Sollwert einer Regelung. Sie ist bei einer klassischen Regelung von außen fest vorgegeben und durch den Regler nicht beeinflussbar.

Störgröße

- Äußere Einflüsse auf die Regelstrecke, die durch die Stellgröße ausgeglichen werden müssen.

Regelabweichung / Regeldifferenz

- Die Abweichung zwischen Regelgröße und Führungsgröße. Der Regler hat die Aufgabe diese zu minimieren.

Für die dynamische Regelung sind die folgenden Begriffe relevant:

Überschwingweite

- Wenn sich die Führungsgröße sprunghaft ändert, reagiert die Regelgröße mit einem Ausgleichsvorgang. Dabei kann es je nach Regler zu einem Schwingungsverhalten der Regelgröße kommen. Die Überschwingweite ist der maximale Betrag der Regelabweichung, der durch ein Einschwingen der Regelgröße zu Stande kommt.

Anregelzeit

- Die Dauer vom Sprung der Führungsgröße bis zum ersten Eintritt der Regelgröße in das Toleranzband.

Ausregelzeit

- Die Dauer vom Sprung der Führungsgröße bis zum dauerhaften Verbleib der Regelgröße im Toleranzband. Die Regelgröße darf demnach das Toleranzband durch Einschwingvorgänge nicht mehr verlassen.

Eine Regelung dynamischer technischer Systeme ist immer dann möglich, wenn für das System eine mathematische Zuordnungsvorschrift existiert, mit der der Zusammenhang zwischen Eingangs- und Ausgangsgrößen beschrieben werden kann. Viele dynamische Systeme sind über Differentialgleichungen beschreibbar, durch die die Systemgesetzmäßigkeit implizit festgelegt werden kann.[44] [45]

---

[44] Litz, *Grundlagen der Automatisierungstechnik*: S. 21.

[45] Auf eine detaillierte mathematische Beschreibung von Regelsystemen muss im Rahmen dieser Arbeit verzichtet und auf entsprechende Grundlagenliteratur verwiesen werden.

In den meisten technischen Anwendungsfällen können lineare Regelkreisglieder zum Einsatz gebracht werden. Ein physikalisches System ist linear, wenn das Superpositionsprinzip und das Verstärkungsprinzip zum Einsatz gebracht werden können. Für die Eingangsfunktionen x_1 und x_2 und die Antwortfunktionen $f(x_1)$ und $f(x_2)$ bedeutet das:[46]

$$f(x_2 + x_2) = f(x_1) + f(x_2) \tag{2.1}$$

$$f(K_p x_1) = K_p \cdot f(x_1) \tag{2.2}$$

Der verbreiteteste technische Regler ist der PID-Regler. Dabei handelt es sich um eine Kombination aus einem P-Glied, einem I-Glied und einem D-Glied.

Bei einem P-Glied (Proportional-Glied) ist die Ausgangsgröße x_a um einen Proportionalitätsfaktor K_p größer als die Eingangsgröße.

$$x_a(t) = K_p \cdot x_e(t) \tag{2.3}$$

Bei einem I-Glied (Integral-Glied) ist die Ausgangsgröße x_a das Integral der Eingangsgröße über die Zeit. Mit der Nachstellzeit T_i gilt:

$$x_a(t) = \frac{1}{T_i} \int_0^t x_e(t)\, dt \tag{2.4}$$

Ein differentiales Verhalten kann mit einem D-Glied (Differential-Glied) beschrieben werden. Ein rein differentiales Verhalten kann zwar in einem technisch realisierbaren System nicht zugrunde liegen, jedoch ist ein Differential-Glied in Verbindung mit einem P- oder PI-Glied sehr sinnvoll. Mit der Vorhaltezeit T_D gilt:

$$x_a(t) = T_D \cdot \frac{dx_e}{dt} \tag{2.5}$$

Demnach lässt sich ein PID-Regler wie folgt beschreiben:

$$x_a(t) = K_p \cdot \left[x_e(t) + \frac{1}{T_i} \int_0^t x_e(t)\, dt + T_D \cdot \frac{dx_e}{dt} \right] \tag{2.6}$$

Ein PID-Regler erlaubt es in sehr vielen industriellen Anwendungsfällen eine Regelgröße gezielt auf einen Sollwert zu bringen und diese auch gegen den Einfluss unbekannter Störgrößen auf dem Sollwert zu halten. Dabei ist jeder Regelgröße genau eine Stellgröße zugeordnet.[47]

---

[46] Orlowski, *Praktische Regeltechnik - Anwendungsorientierte Einführung für Maschinenbauer und Elektrotechniker*: S. 64.

[47] R. Dittmar und B.-M. Pfeiffer, *Modellbasierte Prädiktive Regelung* (München Wien: Oldenbourg Verlag, 2004), S. 4.

Neben dem PID-Regler existieren in der dynamischen Regelungstechnik weitere Sonderformen um auch anspruchsvolle Regelungsaufgaben durchführen zu können.

Am weitesten verbreitet ist die Regelung im Zustandsraum[48]. Dieses Verfahren basiert auf der von KÁLMÁN eingeführten Zustandsraumdarstellung. Dabei wird ein dynamisches System nicht durch sein Übertragungsverhalten sondern durch Zustandsgrößen beschrieben. Diese Zustandsgrößen stehen für den Energiegehalt der im System vorhandenen Energiespeicher. Aus den Anfangswerten der einzelnen Energiespeicher zum Zeitpunkt t=0 kann bei einem bekannten mathematischen Modell des Übertragungssystems aus den Eingangsgrößen das Verhalten des Systems und damit auch die Ausgangsgrößen für t>0 berechnet werden.

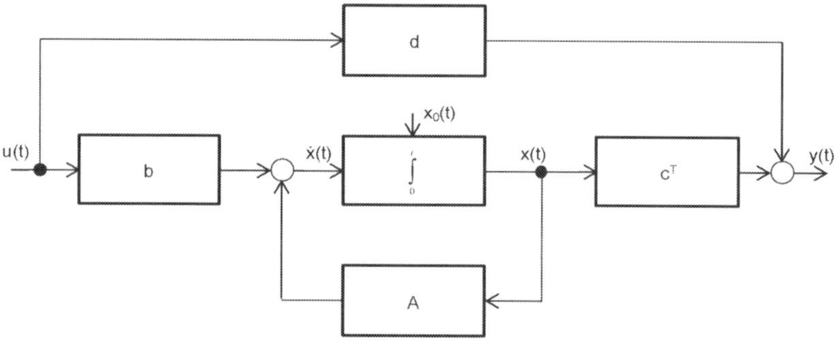

Abbildung 2.12: Zustandsraummodell[49]

In Abbildung 2.12 ist der Zusammenhang zwischen Eingangsgröße u(t), dem Zustandsvektor x(t) und der Ausgangsgröße y(t) als Blockschaltbild dargestellt. Es gilt:

$$\dot{x}(t) = A \cdot x(t) + b \cdot u(t) \tag{2.7}$$

$$y(t) = c^T \cdot x(t) + d \cdot u(t) \tag{2.8}$$

Dabei ist A die Systemmatrix der Zustandsvariablen, b der Eingangsvektor und c^T der transponierte Ausgansvektor. d ist ein Durchgangsfaktor falls ein sprungfähiges System betrachtet wird.

Damit eine Regelung im Zustandsraum erfolgen kann müssen alle Zustandsgrößen des Systems bekannt sein. Man spricht von Beobachtbarkeit:

[48] vgl. A. Braun, *Grundlagen der Regelungstechnik - Kontinuierliche und diskrete Systeme* (München: Fachbuchverl. Leipzig im Carl Hanser Verl., 2005), S. 203ff.

[49] J. Lunze, *Regelungstechnik 1: Systemtheoretische Grundlagen, Analyse und Entwurf einschleifiger Regelungen*, 8. (Heidelberg: Springer, 2010), S.76.

„Ein System heißt vollständig beobachtbar, wenn der Anfangszustand x_0 aus dem über einem endlichen Intervall $[0,t_e]$ bekannten Verlauf der Eingangsgröße $u_{[0,t_e]}$ und der Ausgangsgröße $y_{[0,t_e]}$ bestimmt werden kann."[50]

Können nicht alle Zustandsgrößen direkt gemessen werden, müssen diese durch einen Beobachter geschätzt werden. Ein Beobachter benötigt jedoch ein möglichst exaktes Modell der Regelstrecke. Dieses Modell wird parallel zur Regelstrecke geschaltet und mittels des Separationsprinzips kann der Zustandsvektor bestimmt werden. Der am häufigsten eingesetzte Beobachter ist der Luenberger-Beobachter.[51]

Ist der Zustandsvektor bekannt kann ein Zustandsregler realisiert werden, dabei wird nicht wie beim PID-Regler die Ausgangsgröße sondern der Zustandsvektor rückgeführt.

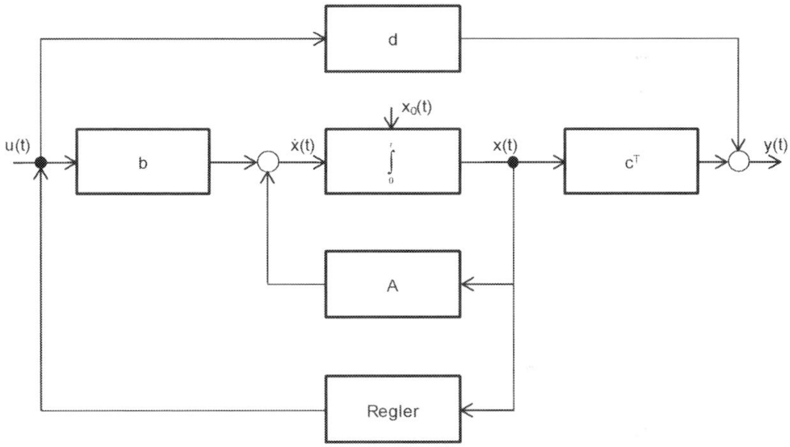

Abbildung 2.13: Zustandsregler[52]

In Abbildung 2.13 ist die Darstellung des Zustandsraums um einen entsprechenden Regler erweitert.

Verglichen mit einem PID-Regler besitzt der Zustandsregler Vorteile im dynamischen Verhalten. Die Zustandsdaten sind für den Regler schneller verfügbar als die Ausgangsgrößen des zu regelnden Systems.[53]

---

50 Ebenda, S. 93.

51 J. Lunze, *Regelungstechnik 2 : Mehrgrossensysteme, digitale Regelung*, 7. (Berlin, Heidelberg: Springer Verlag, 2012), S. 337ff.

52 M. Weck und C. Brecher, *Mechatronische Systeme, Vorschubantriebe, Prozessdiagnose* (Berlin [u.a.]: Springer, 2006), S. 188.

53 H. Lutz und W. Wendt, *Taschenbuch der Regelungstechnik : mit MATLAB und Simulink* (Frankfurt am Main: Harri Deutsch, 2007), S. 664.

Das Ziel aller dynamischen Regelungen ist es, in möglichst kurzer Zeit die Regelabweichung zu minimieren. Dabei muss insbesondere auf eine ausreichende Stabilität der Regeleinrichtung geachtet werden. Stabilität bedeutet, dass die Regeleinrichtung auf eine Anregung von außen mit einer Schwingung abklingender Amplitude antwortet. Konkreter besagt die BiBo-Stabilität[54] einer Regelung, dass eine begrenzte Eingangsgröße nur eine begrenzte Ausgangsgröße zur Folge haben kann.[55] Ein Instabiles System antwortet mit einer monoton oder oszillatorisch ansteigenden Regelgröße. Die Funktion des Systems ist so nicht mehr gewährleistet.[56]

Ein System mit einer Stoßantwort g(t) ist bei einer endlichen Zahl M_g genau dann BiBo-stabil, falls für alle t gilt:[57]

$$\int_0^t |g(\tau)| d\tau < M_g \tag{2.9}$$

In der transformierten s-Ebene[58] formuliert MEYR ein allgemeines Stabilitätskriterium wie folgt:[59]

Ein lineares System mit rationaler Übertragungsfunktion G(s) ist genau dann stabil (dann und nur dann), falls alle Pole der Übertragungsfunktion einen negativen Realteil haben.

Da für eine Stabilitätsbewertung nur die Existenz von Polstellen in der rechten komplexen Halbebene, jedoch nicht deren genaue Lage notwendig ist existieren in der Regelungstechnik zahlreiche Stabilitätskriterien. Das bekannteste ist das spezielle Nyquist-Kriterium:

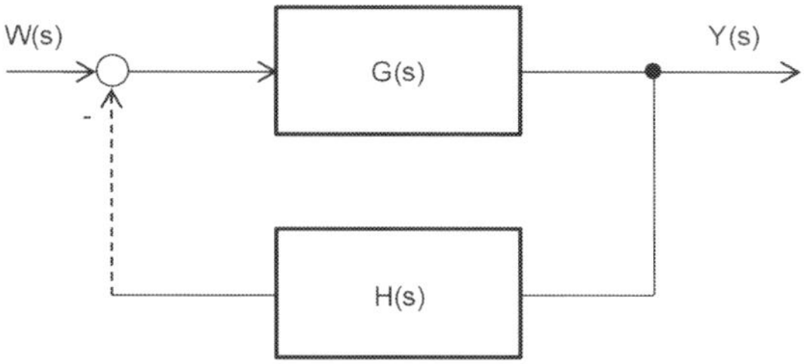

Abbildung 2.14: Offener Regelkreis

[54] Binded Input – Binded Output

[55] vgl. Schulz, *Regelungstechnik 1 - Lineare und Nichtlineare Regelung, Rechnergestützter Reglerentwurf.* S. 157ff.

[56] M. Weck, *Automatisierung und Steuerungstechnik 2*, 4., vol. 3.2, Werkzeugmaschinen Fertigungssysteme (Düsseldorf: VDI-Verlag, 1995), S. 15.

[57] H. Meyr, *Regelungstechnik und Systemtheorie*, 4. (Aachen: Wissenschaftsverlag Mainz, 2000), S. 77.

[58] vgl. Laplace Transformation in ebenda, S. 17ff.

[59] Ebenda, S. 79.

Für den in Abbildung 2.14 dargestellten offenen Regelkreis gilt:

$$G_0(s) = G(s) \cdot H(s) \tag{2.10}$$

$$T(s) = \frac{G(s)}{1 + G_0(s)} \tag{2.11}$$

Ein System ist stabil, wenn beim Durchlaufen der Ortskurve $G_0(j\omega)$ für $0 \leq \omega < \infty$ der Punkt (-1, j0) immer links liegt.[60]

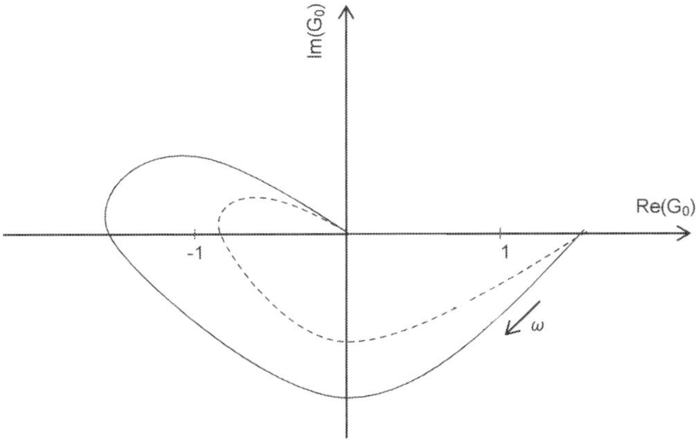

Abbildung 2.15: Ortskurvendarstellung des speziellen Nyquist-Kriteriums

In Abbildung 2.15 ist entsprechend die Ortskurve $G_0(j\omega)$ für ein stabiles (gestrichelte Linie) und ein instabiles (durchgezogene Linie) System dargestellt.

Diese Ortskurvendarstellung ist besonders praktikabel, da sie auch verwendet werden kann wenn zwar der empirisch ermittelte Frequenzgang jedoch nicht die algebraische Beschreibung des Systems vorliegt.

Neben der Notwendigkeit eines mathematischen Modells der Regelstrecke führt besonders in der Produktionsregelung das Vorhandensein von Totzeiten dazu, dass die beschriebenen dynamischen Regelungen häufig nicht eingesetzt werden können.[61] In

[60] Ebenda, S. 91.

[61] G. Schulz, *Regelungstechnik 1 : lineare und nichtlineare Regelung, rechnergestützter Reglerentwurf*, 2. (München [u.a.]: Oldenbourg, 2004), S. 191.

diesem Fall müssen erweiterte Verfahren eingesetzt werden.[62] Im Folgenden werden entsprechende Methoden vorgestellt.

2.3.2 Ansätze zur Regelung komplexer Produktionsprozesse

Die klassische Prozessregelung auf Basis eines vorhandenen deterministischen Prozessmodells ist meist direkt an einen Einzelprozess innerhalb einer Anlage gebunden. Sollen komplexe Prozesse anlagenübergreifend geregelt werden, müssen verschiedene Ebenen eines Unternehmens und damit auch einer Produktionsregelung betrachtet werden (vgl. Abbildung 2.1). Ein Ansatz für eine Ebenen-übergreifende Regelung ist die Implementierung einer Kaskadenregelung.

Prinzipiell besteht eine Kaskadenregelung aus einer Serienschaltung von mehreren hintereinander geschalteten Reglern. Durch die hierarchische Struktur der Kaskadenregelung lassen sich die einzelnen Regler als Führungsregler oder als Folgeregler betrachten. Der Führungsregler gibt dabei seine Ausgangsgröße als Eingangsgröße an den Folgeregler weiter. Der Sollwert des Folgereglers wird also über den Stellwert des Führungsreglers definiert. Der Vorteil einer kaskadierten Reglerstruktur ist die schnelle Reaktion auf Störungen in der Prozessebene mit der gleichzeitigen Möglichkeit auch übergeordnete Ziele effektiv und effizient zu regeln.[63]

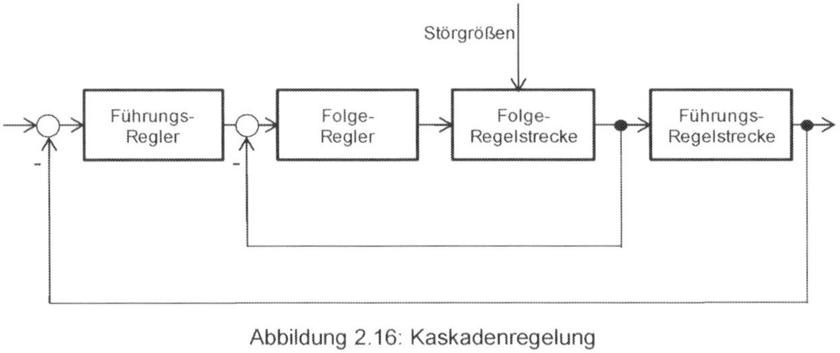

Abbildung 2.16: Kaskadenregelung

Abbildung 2.16 zeigt exemplarisch den Zusammenhang zwischen der Führungs- und der Folgekomponente einer Kaskadenregelung. Diese Struktur kann beliebig um weitere Ebenen erweitert werden. Jedoch ist es nur dann sinnvoll eine Kaskadenregelung einzusetzen, wenn die Folgeregelung um ein Vielfaches schneller als die Führungsregelung ist. Nach einer Faustregel muss die Summenzeitkonstante der Führungsrege-

[62] vgl. S. 26

[63] Dittmar und Pfeiffer, *Modellbasierte Prädiktive Regelung*: S. 8.

lung, also die Summe aller verzögernden Zeitkonstanten abzüglich aller differenzierenden Zeitkonstanten mindestens viermal so groß sein wie die der Folgeregelung.[64]

Für eine funktionsorientierte Regelung komplexer Produktionsprozesse bietet eine Kaskadenregelung vielversprechende Möglichkeiten. Durch den Einsatz einer Kaskade können die Führungsregler die Sollwerte der Folgeregler flexibel variieren. So kann der Führungsregler auf akute Anforderungen reagieren und in gewissem Maße einzelne Größen variieren, um die Funktionserfüllung des zu fertigenden Produktes sicherzustellen.

Um eine durchgängige Kaskadenregelung in ein produzierendes Unternehmen zu implementieren, bedarf es einer Regelungsschicht, die als Bindeglied zwischen den unternehmerischen Regelkreisen und der Prozessregelung auf Anlagenebene dient. Dieses Bindeglied wird in der Literatur mit „Advanced Process Control“ (APC) bezeichnet. Im Deutschen wird es oft mit „gehobenen Regelunsverfahren“ übersetzt. Advanced Process Control verbindet die Basisregelung auf Anlagenebene mit den unternehmerischen Regelfunktionen auf der Betriebsebene (vgl. Abbildung 2.17).

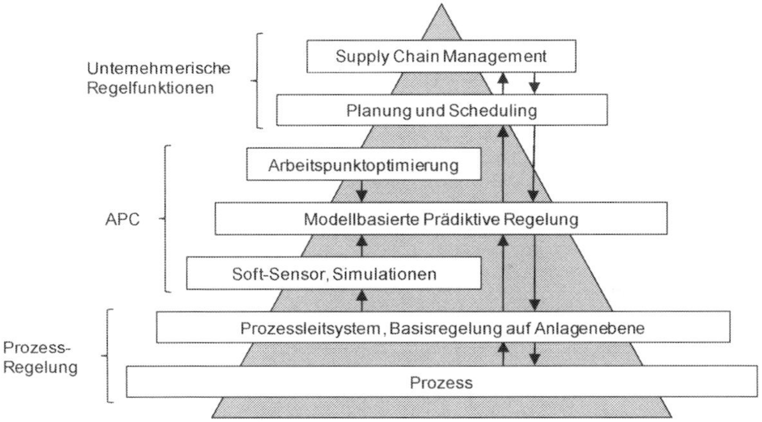

Abbildung 2.17: Advanced Process Contol eingebettet zwischen unternehmerischen Regelfunktionen und Anlagenregelung[65]

Der Begriff APC ist gegenüber der Prozessregelung auf Anlagenebene sehr weit gefasst und beinhaltet verschiedene Disziplinen zur Lösung des Regelungsproblems (u.a. Modellbildung und Simulation, experimentelle Prozessidentifikation, moderne Regelungs- und Steuerungstechnik, angewandte Statistik, Fehlererkennung und Diagnose, und besonders auch Methoden der künstlichen Intelligenz)[66]. Für eine erfolgreiche Re-

[64] Ebenda.

[65] Ebenda, S. 3.

[66] Ebenda.

gelung komplexer Produktionssysteme muss die APC Schicht entsprechend den Anforderungen ausgelegt werden.

Im Folgenden werden existierende Ansätze zur gehobenen Produktionsregelung kurz vorgestellt.[67]

Aus der Verfahrenstechnik sind wissens- bzw. modellbasierte Regelungsverfahren entstanden. Bei diesen Verfahren ist ein Prozessmodell ein integraler Bestandteil des Reglers. Ein grundlegendes Verfahren wird als Internal Model Control (IMC) bezeichnet.[68]

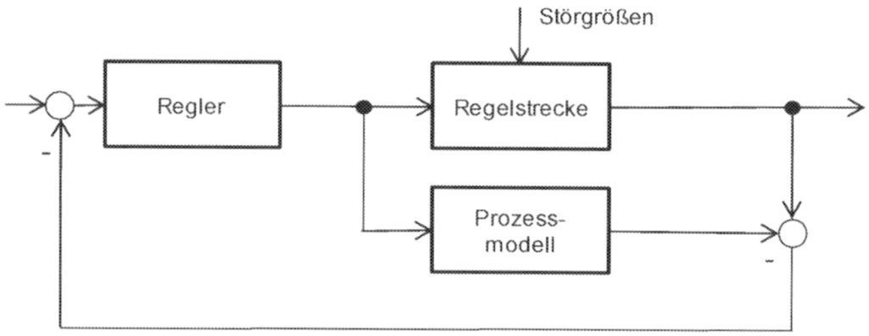

Abbildung 2.18: Internal Model Control (IMC) Regelung

Neben der Regelstrecke und dem Regler beinhaltet eine Internal Model Control ein Prozessmodell, das parallel zu dem realen Prozess geschaltet wird. Dadurch wird bei der Internal Model Control nicht die Regelgröße, sondern die Differenz aus Regelgröße und Ausgangsgröße des Prozessmodells in den Regler zurückgeführt (vgl. Abbildung 2.18). In einem störungsfreien Betrieb ist diese Differenz null, so dass eine reine Vorwärtssteuerung vorliegt. Tritt eine Störung auf, so wird diese Störung in den Regler zurückgeführt, und es liegt eine Rückführsteuerung vor.[69] Dadurch werden also nur Modellfehler und nicht messbare Störungen geregelt. Die IMC Struktur arbeitet nach dem Prinzip „So viel steuern wie möglich, so wenig regeln wie nötig".[70]

Ein IMC Regler lässt sich in der Praxis jedoch nicht unmittelbar realisieren. Das Modell der Regelstrecke und das reale Prozessverhalten stimmen nie genau überein, und die Invertierung der Übertragungsfunktion des Modells der Regelstrecke führt häufig auf eine nicht realisierbare Übertragungsfunktion der IMC Regelung.[71]

[67] Im Rahmen dieser Arbeit können die einzelnen Technologien nur sehr komprimiert vorgestellt werden. Für detailliertere Information muss auf die Literatur verwiesen werden.

[68] R. Kluge, *Prädikative modellbasierte Regelung von Zerspanprozessen*, ed. G. Warnecke, vol. 35, FBK Produktionstechnische Berichte (Kaiserslautern: Universität Kaiserslautern, 1999), S.15.

[69] Ebenda, S. 16.

[70] Dittmar und Pfeiffer, *Modellbasierte Prädiktive Regelung*: S. 50.

[71] Ebenda.

Verwand zu der IMC Regelung sind Model Predictive Control (MPC) Verfahren. Diese werden häufig als Synonym für IMC Regelungen verwendet. Die Verfahren unterscheiden sich jedoch im zeitlichen Bezugspunkt der Prozessmodelle. Eine IMC Reglung modelliert den aktuellen Zustand. Bei der MPC wird eine Zustandsprognose mit variabler Prognoseweite durchgeführt.[72]

Prädiktive Regelungen stellen aktuell neben den PID Regelungen die einzige Klasse höherer Regelungsverfahren dar, die in der Industrie eine nennenswerte Verbreitung erfahren.[73]

Bei einer prädiktiven Regelung wird das zukünftige Verhalten der Regelstrecke vorhergesagt, und unter Berücksichtigung dieses Verhaltens wird eine Folge von Stelleingriffen optimal bestimmt.

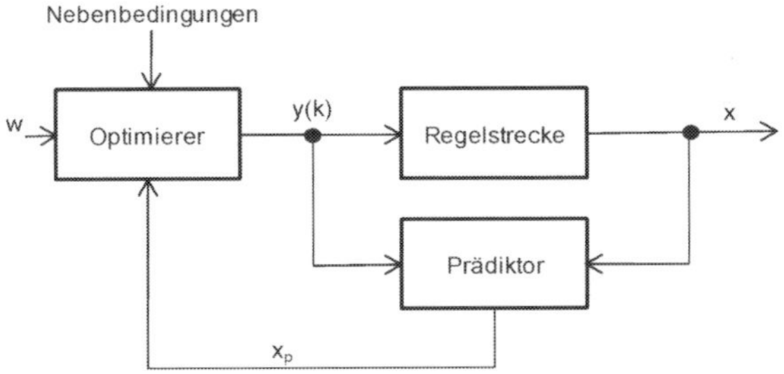

Abbildung 2.19: Prädiktiver Regelkreis[74]

Abbildung 2.19 zeigt das Blockschaltbild eines prädiktiven Regelkreises. Der Optimierer erhält als Eingangsgröße den Sollwertverlauf w, die Nebenbedingungen und die vom Prädiktor geschätzte Regelgröße x_p. Aus diesen Daten ermittelt der Optimierer eine Stellgrößenfolge y. Aufgrund der aktuellen Stellgröße y(k) und der aktuellen Regelgröße x bestimmt der Prädiktor den zukünftigen Zustand x_p. Dieser wird wiederrum an den Optimierer gegeben, so dass der Regelkreis geschlossen wird.[75]

[72] Kluge, *Prädikative modellbasierte Regelung von Zerspanprozessen*, 35: S. 16.

[73] T. Pfeifer und R. Schmitt, *Autonome Produktionszellen, Komplexe Produktionsprozesse flexibel automatisieren* (Berlin; Heidelberg; New York: Springer, 2006), S. 364.

[74] L. Wendt, *Taschenbuch der Regelungstechnik* (Frankfurt am Main: Verlag Harri Deutsch, 2002).

[75] Hamann, *Lernfähige intelligente Produktionsregelung*: S. 17.

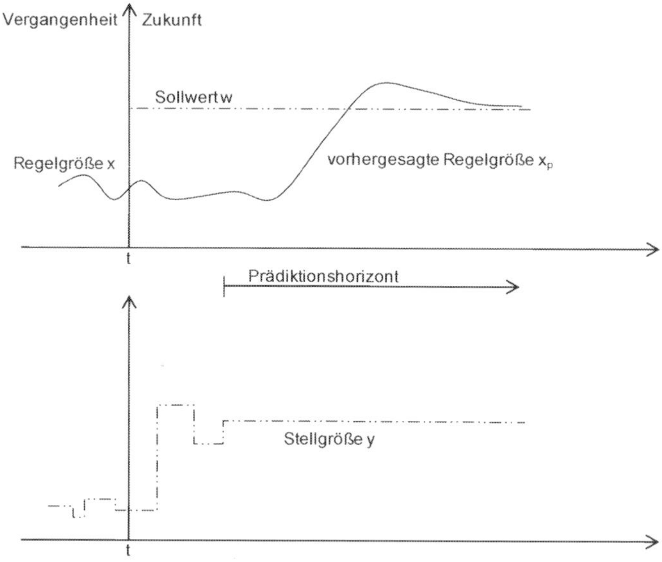

Abbildung 2.20: Vorgehensweise einer prädiktiven Regelung[76] [77]

In Abbildung 2.20 ist die Stellgröße in Abhängigkeit von der vorhergesagten Regelgröße dargestellt. Der Prädiktor trifft eine Vorhersage über den zukünftigen Verlauf der Regelgröße unter der Prämisse, dass sich die Stellgröße in dem betrachteten Zeitraum nicht ändert. Für die Berechnung des zukünftigen Verlaufs der Regelgröße wird ein dynamisches Prozessmodell verwendet. Die Gestaltung dieses Prozessmodells ist prinzipiell offen. Bei vielen aktuell eingesetzten MPC Regelungen wird das Modell experimentell aus Anlagentests ermittelt.[78]

Der Optimierer bestimmt eine ideale Folge zukünftiger Stellgrößen unter dem Ziel, die Regelabweichung zu minimieren. Dabei wird häufig der Fokus der Optimierung nicht vollständig auf eine minimale Regelabweichung gesetzt. Stattdessen wird eine Kostenfunktion aufgestellt, in die neben der Regelabweichung auch die notwendige Stellaktivität einfließt.[79] [80]

Ein gänzlich verschiedener Ansatz ist eine Regelung mit Fuzzy-Control. In den bisher beschriebenen Techniken zur Produktionsregelung muss ein Prozessmodell aufgestellt werden. Dieses Modell wird bei einer PID Regelung in der Entwurfsphase und bei einer

---

[76] Pfeifer und Schmitt, *Autonome Produktionszellen. Komplexe Produktionsprozesse flexibel automatisieren*: S. 346.

[77] Hamann, *Lernfähige intelligente Produktionsregelung*: S. 18.

[78] Dittmar und Pfeiffer, *Modellbasierte Prädiktive Regelung*: S. 40.

[79] Ebenda, S. 41.

[80] vgl. Kapitel 2.3.3

MPC Regelung auch in der Arbeitsphase benötigt. Das Modell bietet eine mathematische Beschreibung zwischen den Stellgrößen und der Reaktion einer Regelstrecke. Beim Fuzzy-Control wird auf ein mathematisches Prozessmodell verzichtet. Stattdessen wird die Regelstrategie qualitativ beschrieben. Der Fuzzy Regler besitzt eine Wissensbasis, die aus Expertenwissen in Form linguistischer Wenn-Dann-Regeln besteht. Durch die Verwendung von unterschiedlichen Regeln für verschiedene Arbeitsbereiche des Reglers können sehr flexible Regelungsstrategien ohne ein analytisches Modell der Regelstrecke entwickelt werden.[81]

Ein Fuzzy Controller basiert auf der von Zadeh vorgestellten Fuzzy Logic.[82] Es handelt sich dabei um eine Erweiterung der Mengenlehre, die unscharfe Mengen, sogenannte Fuzzy Sets und deren Verknüpfung, beschreibt. Dafür werden die Grenzen der Boolschen Logik durch Werte zwischen 0 und 1 erweitert. Diese Erweiterung ermöglicht eine mathematische Klassifizierung von sprachlichen Beschreibungen wie „sehr viel", „etwas", „wenig" usw.

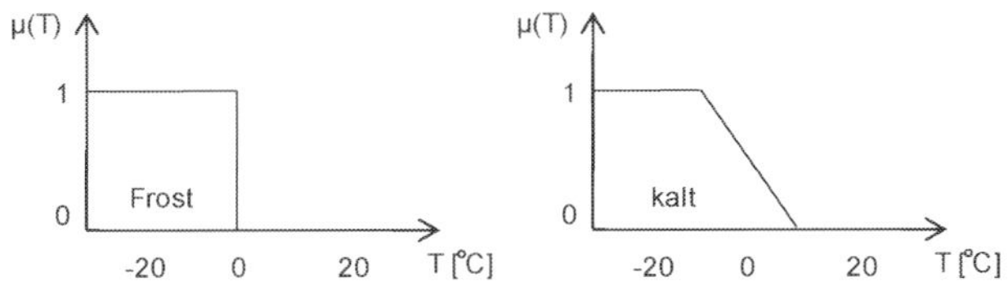

Abbildung 2.21: Klassifizierung nach Fuzzy Logic

In Abbildung 2.21 ist eine Klassifizierung mit Fuzzy Logic beispielhaft dargestellt. Eine Temperatureinteilung „Frost" und „kein Frost" kann scharf mit Boolscher Logik getrennt werden. Eine Klassifizierung in „kalt" und „nicht kalt" hingegen ist weniger eindeutig. Sie muss durch eine kontinuierliche Zugehörigkeitsfunktion einer unscharfen Menge beschrieben werden. So kann jedem diskreten Temperaturwert T ein Grad der Zugehörigkeitsfunktion μ(T) zugeordnet werden.[83]

Mamdani setzte erstmals die Fuzzy Logic zur Lösung regelungstechnischer Probleme ein.[84] Der Fuzzy Controller besteht primär aus der Fuzzifizierung, der Inferenz und der Defuzzifizierung. Des Weiteren ist in der Regelbasis das Wissen zur Prozessregelung abgelegt, welches das Regelverhalten direkt beeinflusst. (vgl. Abbildung 2.22)

[81] Kluge, *Prädikative modellbasierte Regelung von Zerspanprozessen*, 35: S. 23.

[82] L. Zadeh, "Fuzzy-Sets," *Information and Control, Academy Press, New York* 8(1965).

[83] R. P. Raabe, *Prozeßoptiemierung für das funkenerosive Senken mit Neuro-Fuzzy-Control*, vol. 30, Berichte aus der Produktionstechnik (Aachen: Shaker, 1999), S. 30.

[84] E. H. Mamdani, "Application of Fuzzy Algorithms for Control of Simple Dynamic Plant," *Proceedings of the IEEE* 121 (12)(1974).

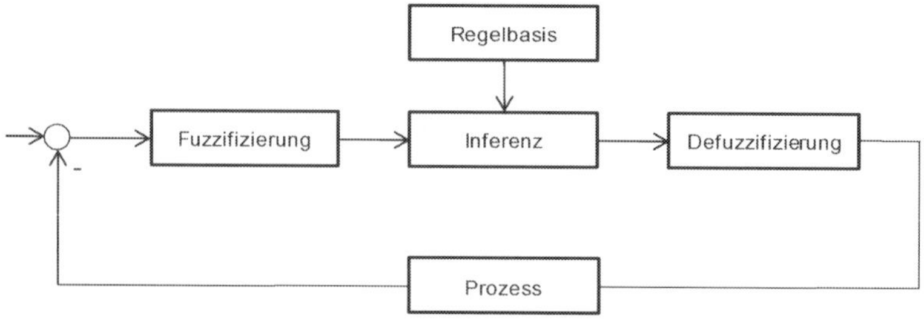

Abbildung 2.22: Fuzzy Controller nach Mamdani

Im Rahmen der Fuzzyfizierung werden die gemessenen Eingangsgrößen zur Weiterverarbeitung zunächst unscharf gemacht. Dies erfolgt, indem die scharfen Eingangsgrößen durch linguistische Terme und geeignete Zugehörigkeitsfunktionen beschrieben werden. In der Inferenz werden Wenn-Dann-Regeln durch boolsche Und- oder Oder-Verknüpfungen miteinander kombiniert. Die Regeln treffen Aussagen über die Stellgröße des Fuzzy-Controlers. Da diese wiederrum in unscharfen linguistischen Termen vorliegen, werden sie im Rahmen der Defuzzifizierung in scharfe Werte übersetzt.[85]

Der Vorteil eines Fuzzy Controllers ist die Möglichkeit zur Verarbeitung unscharfer Informationen über das Verhalten des zu regelnden Systems, ohne dass eine mathematische Übertragungsfunktion vorhanden sein muss. Mit einem Fuzzy Controller sind auch nichtlineare Zusammenhänge einfach darstellbar.[86]

2.3.3 Optimierungsverfahren für den Einsatz in der Produktionsregelung

Modellbasierte Regler sind das am weitesten verbreitete Verfahren zur Regelung komplexer Produktionsprozesse[87]. Für eine effektive und effiziente Regelung ist neben einem akkuraten Prozessmodell das verwendete Optimierungsverfahren von zentraler Bedeutung.

[85] Raabe, *Prozeßoptiemierung für das funkenerosive Senken mit Neuro-Fuzzy-Control*, 30: S. 35.

[86] Ebenda, S. 40.

[87] Pfeifer und Schmitt, *Autonome Produktionszellen, Komplexe Produktionsprozesse flexibel automatisieren*: S. 364.

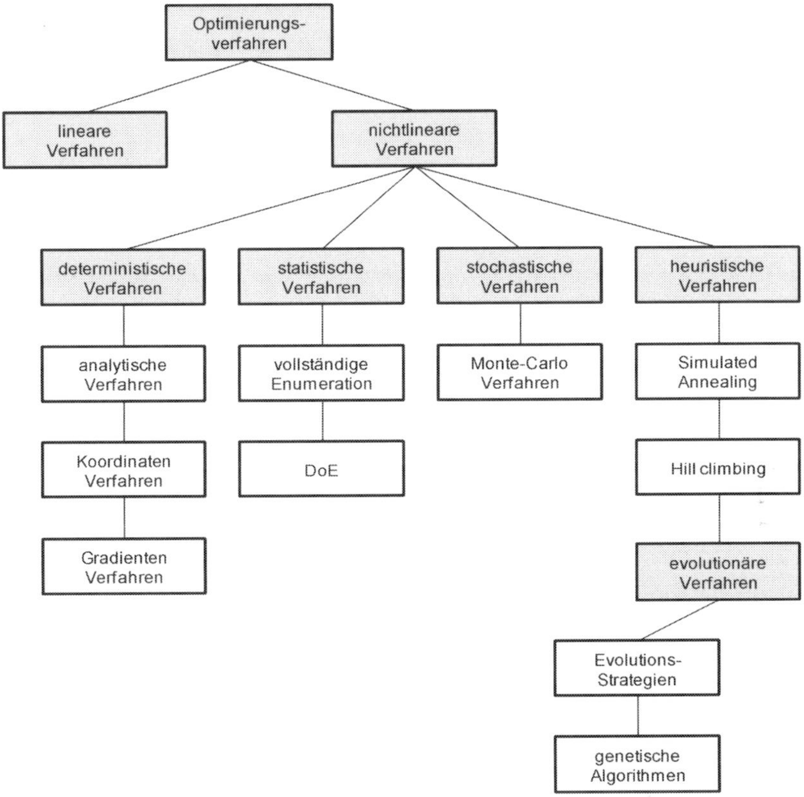

Abbildung 2.23: Klassifikation verschiedener Optimierungsverfahren[88]

In Abbildung 2.23 findet sich eine generelle Übersicht über die wichtigsten Optimierungsverfahren. Prinzipiell wird zwischen linearen und nichtlinearen Verfahren unterschieden. In einem linearen Optimierungsproblem ist ein lokales Optimum gleichzeitig auch ein globales Optimum. Gütekriterium, Nebenbedingungen und Systemgleichungen sind in diesem Fall linear. Daher lassen sich lineare Optimierungsprobleme mathematisch eindeutig lösen.[89] Da bei linearen Regelungsproblemen klassische PID Regler sehr gute Ergebnisse liefern, ist eine Regelung durch Modell und Optimierer in diesem Fall nicht notwendig.

Die nichtlinearen Verfahren unterscheiden sich in deterministische, statistische, stochastische und heuristische Verfahren.

[88] vgl. M. Bauer, *Flexible On-line-Prozeßoptimierung mit integrierten adaptiven Modellen*, ed. G. Spur, Berichte aus dem Produktionstechnischen Zentrum Berlin (Berlin: FhG/IPK, 1997), S. 62.

[89] Ebenda, S. 61.

Bei deterministischen Verfahren muss für den zu optimierenden Prozess eine mathematisch beschreibbare Funktion vorhanden sein. Beim Gradientenverfahren und bei dem analytischen Verfahren muss diese Funktion zusätzlich differenzierbar sein.[90] Da für die meisten komplexen Produktionsprozesse eine solche mathematische Beschreibung nicht vorliegt, werden diese Verfahren nicht weiter detailliert.

Das Ziel statistischer Verfahren ist es, den zu optimierenden Raum so zu untersuchen, dass statistisch signifikante Aussagen über die Lage eines Optimums getroffen werden können. Die bekannteste Methode ist die „Design of Experiments (DOE)"[91] Methode nach TAGUCHI und SHAININ. Das Ziel der Methode ist es, Versuche in einem möglichen Parameterraum so zu planen, dass die Umfänge der Untersuchung gering gehalten werden können, jedoch ein funktionales Modell der Zusammenhänge erhalten wird.[92] Dabei wird mit Hilfe von Teilfaktorplänen die notwendige Parametervariation reduziert, indem Produkte von Faktoren, die von einzelnen Faktoren unabhängig sind, für die neuen Faktoren nutzbar gemacht werden.[93] Das so erhaltene funktionale Modell ist eine statistisch vereinfachte Schätzung, die je nach zu schätzendem Prozess jedoch starke Abweichungen aufweisen kann.

Als stochastische Verfahren werden Verfahren bezeichnet, die auf einer zufälligen Optimierungsstrategie basieren. Diese Verfahren benötigen keine mathematische Beschreibung der Suchrichtung oder des Problemraums. Sie benötigen jedoch wesentlich mehr Rechenzeit (oft mehr als Faktor 100), sind aber in der Lage ein globales Optimum unabhängig von lokalen Optima zu finden. Diese Verfahren sind rein mathematisch gesehen eher Such- als Optimierungsstrategien. Von der Anwendung her betrachtet handelt es sich jedoch um Optimierungsverfahren.[94] Die Monte Carlo Optimierung ist die einfachste und bekannteste stochastische Methode. Es wählt in einem Suchgebiet für zufällig gewählte Punkte die Zielfunktion aus. Am besten Punkt wird ein kleineres Gebiet erneut mit zufälligen Werten belegt.[95] Das Verfahren ist sehr robust, benötigt jedoch eine extrem hohe Zahl von Funktionsauswertungen[96].

Die Zuordnung einzelner Verfahren zu heuristischen Verfahren ist in der Literatur sehr unterschiedlich[97]. Im Allgemeinen bedeutet heuristisch, dass die Verfahren von einer Basislösung ausgehen und versuchen, diese weiter zu verbessern. Dabei kommt es den heuristischen Verfahren vor allem darauf an, innerhalb kurzer Zeit eine zulässige

---

[90] Ebenda, S. 63.

[91] vgl. B. Klein, *Versuchsplanung - DoE: Einführung in die Taguchi/Shainin-Methodik*, 2. (München: Oldenbourg Verlag, 2007).

[92] Schmitt und Pfeifer, *Qualitätsmanagement*: S. 764f.

[93] Bauer, *Flexible On-line-Prozeßoptimierung mit integrierten adaptiven Modellen*: S. 64.

[94] A. Schumacher, *Optimierung mechanischer Strukturen: Grundlagen und industrielle Anwendungen* (Berlin: Springer, 2005), S. 87.

[95] W. Wohlers, *Mehrstufige Optimierung komplexer strukturmechanischer Probleme* (Göttingen: Cuvillier, 2005), S. 23.

[96] Schumacher, *Optimierung mechanischer Strukturen: Grundlagen und industrielle Anwendungen*: S. 88.

[97] H.-J. Zimmermann, *Operations Research: Methoden und Modelle. Für Wirtschaftsingenieure, Betriebswirte, Informatiker*, 2. (Wiesbaden: Vieweg & Sohn, 2008), S. 272f.

Lösung zu finden. Dabei muss nicht zwangsweise das globale Optimum gefunden werden.[98]

Das Simulated Annealing[99] überträgt Prinzipien der statistischen Physik der Wärmebehandlung von Festkörpern auf Optimierungsprozesse. Das Verfahren ist an das Ausglühen eines Metallstücks angelehnt, bei dem man durch langsames Abkühlen ein möglichst minimales und damit stabiles Energieniveau erreichen möchte. Dabei stehen die Moleküle des Metalls für die zu optimierenden Variablen, und ein stabiler Zustand minimaler Energie steht für die optimale Lösung.[100]

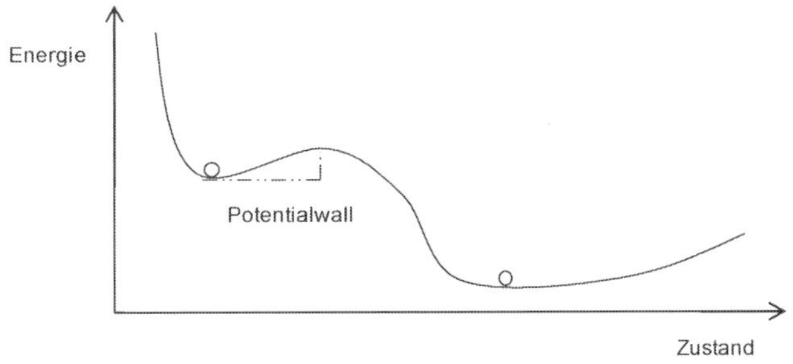

Abbildung 2.24: Energiezustände in einem Feststoffkörper[101]

Wenn die Abkühlung des Metalls zu schnell erfolgt, besetzen die Atome Nebengitterplätze, so dass der Festkörper in einem metastabilen Zustand einfriert. Die noch vorhandene thermische Energie reicht nicht mehr aus, um die Atome so weit zu bewegen, dass sie den Potentialwall überwinden und im optimalen Zustand erstarren können (vgl. Abbildung 2.24). Um den Potentialwall zu überwinden, muss der Festkörper erneut erwärmt werden. Dieser Effekt zur Überwindung eines lokalen Minimums stellt die Analogie zum Optimierungsproblem dar.[102] Zur Optimierung mittels Simulated Annealing wird der Festkörper schrittweise erwärmt und anschließend das Energieniveau bestimmt. Wenn das Energieniveau niedriger ist als im ursprünglichen Zustand, wird der neue Zustand akzeptiert und von diesem Zustand aus ein weiterer Optimierungsschritt unternommen. Jedoch werden auch schlechtere Lösungen mit einer bestimmten Wahrscheinlichkeit akzeptiert, was dazu führt, dass auch lokale Minima überwunden werden können.[103]

[98] Ebenda, S. 273.

[99] vgl. P.J.M. van Laarhoven und E.H.L. Aarts, *Simulated annealing: theory and applications* (Dordrecht; Boston; Norwell, MA, U.S.A.: Kluwer Academic Publishers, 1987).

[100] Hamann, *Lernfähige intelligente Produktionsregelung*: S. 68.

[101] Wohlers, *Mehrstufige Optimierung komplexer strukturmechanischer Probleme*: S. 23.

[102] Hamann, *Lernfähige intelligente Produktionsregelung*: S. 23f.

[103] N. Metropolis et al., "Equation of State Calculations by Fast Computing Machines," *Journal of Chemical Physics* 21(1953): S. 1087ff.

Mehr Probleme mit der Überwindung lokaler Optima besitzt das Hill-Climbing-Verfahren. Dieser Algorithmus sucht in der Nähe einer zufällig gewählten Lösung nach besseren Nachbarlösungen. Da der Algorithmus nur die nähere Umgebung eines Punktes durchsucht und nur Verbesserungen gegenüber dem aktuellen Punkt akzeptiert kann er ein lokales Optimum nicht verlassen.[104]

Evolutionäre Verfahren versuchen eine Optimierung angelehnt an die Mechanismen der natürlichen Evolution durchzuführen. Dabei starten die Algorithmen mit zufällig gewählten Lösungen und versuchen dann, durch ständige Selektion, Mutation und Rekombination zu besseren Lösungen zu gelangen.

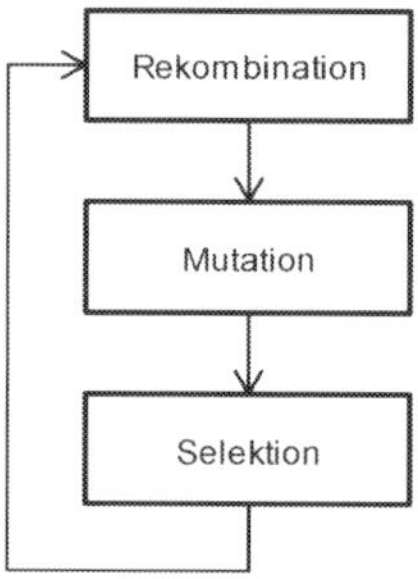

Abbildung 2.25: Prinzip evolutionärer Verfahren[105]

Bevor der in Abbildung 2.25 gezeigte Zyklus angewendet wird, findet eine Initialisierungsphase statt. In dieser erfolgt eine zufällige Parametervariation der Startkonfiguration, so dass eine vorher festgelegte Zahl von Elternpaaren erzeugt wird. Von diesen Elternpaaren werden anschließend jeweils zwei ausgesucht, die durch Mutation und Rekombination neue Nachkommen erzeugen können. Von den erzeugten Nachkommen (also den neu erzeugten Parameterkombinationen) werden jeweils die ausgewählt, die die besten Ergebnisse erzielen. Diese werden anschließend wiederum ausgewählt, um neue Nachkommen zu erzeugen.[106] Innerhalb der evolutionären Verfahren wird zwischen Evolutionsstrategien und genetischen Algorithmen unterschieden. Sie unterscheiden sich voneinander in der Repräsentation der Individuen. Bei Evolutionsstrategien werden die Eigenschaften der Individuen als reellwertige Vektoren ihrer Parameter dargestellt. Die Optimierungsstrategie setzt direkt auf diesen Vektoren auf. Bei genetischen Algorithmen werden die Eigenschaften der Individuen genetisch kodiert,

[104] I. Gerdes, F. Klawonn, und R. Kruse, *Evolutionäre Algorithmen*, 1. (Wiesbaden: Vieweg & Sohn, 2004), S. 25.

[105] S. Posielek, *Einsatz kombinatorischer Optimierungsmethoden bei automatischer Optimierung von Umformprozessen*, vol. 125 (Aachen: Shaker, 2004), S. 35.

[106] Ebenda, S. 35f.

bspw. in einem Binärcode. Die Optimierungsstrategie setzt bei diesen Algorithmen auf dem genetischen Code auf.[107]

Durch die Darstellung als Binärcode bieten genetische Algorithmen umfangreichere Möglichkeiten der Mutation und Rekombination als Evolutionsstrategien. Jedoch konvergieren sie bei zu großer Mutationswahrscheinlichkeit nicht mehr zum Optimum[108]. Die Evolutionsstrategien sind jedoch meist für ingenieurstechnische Fragestellungen ein direkterer Ansatz zur Darstellung von Individuen[109]. In verschiedenen Performance Tests hat sich herausgestellt, dass Evolutionsstrategien oftmals in lokalen Optima verharren. Genetische Algorithmen sind von diesem Problem weniger betroffen, sie zeigen allerdings gerade bei einfachen Testfunktionen eine recht schlechte Konvergenz.[110]

2.4 Abgeleitete Defizite aktueller Produktionsregelung von komplexen Produktionsprozessen

In Kapitel 2.2.2 wird für die funktionsorientierte Regelung komplexer Produktionsprozesse ein prozessübergreifendes selbstoptimierendes System gefordert. Ein solches System benötigt ein Modell zur Simulation des Produktionsprozesses und eine Optimierungsstrategie zur Identifikation idealer Stellwerte. Des Weiteren ist ein selbstoptimierendes System durch einen hohen Grad an Autonomie und Flexibilität gekennzeichnet.

Für eine prozessübergreifende Regelung ist der Ansatz einer Kaskadenregelung sehr vielversprechend. Eine Kaskadenregelung bietet die Möglichkeit eine Regelung funktionsorientiert zu gestalten und die Ziele der untergeordneten Regelungsinstanzen (bspw. auf Anlagenebene) dynamisch anzupassen.[111]

Die Herausforderung zur Umsetzung einer selbstoptimierenden Kaskadenregelung besteht in der Ausgestaltung der einzelnen Regelungsebenen. Ein klassischer PID-Regler eignet sich für eine Basisregelung auf Anlagenebene. Hier existieren oft Erfahrungswerte und Standard-Parametersätze. Darüber hinaus werden PID-Regler in der Praxis oft durch mehr oder weniger systematisches Probieren ausgelegt.[112]

Für eine Regelung von Prozessen, für die kein deterministisches Modell zur Verfügung steht, können PID Regler nicht eingesetzt werden, da das Prozessmodell für den Reg-

[107] Bauer, *Flexible On-line-Prozeßoptimierung mit integrierten adaptiven Modellen*: S. 65.

[108] G. Weckenwerth, "Der Weg zur Drei," *mc* Januar(1994): S. 73.

[109] Bauer, *Flexible On-line-Prozeßoptimierung mit integrierten adaptiven Modellen*: S. 65.

[110] E. Schöneburg, F. Heinzmann, und S. Feddersen, *Genetische Algorithmen und Evolutionsstrategien: Eine Einführung in Theorie und Praxis der simulierten Evolution*, 1. (Bonn, Paris, [u.a.]: Addison-Wesley, 1994), S. 219f.

[111] Schulz, *Regelungstechnik 1 - Lineare und Nichtlineare Regelung, Rechnergestützter Reglerentwurf*: S. 264ff.

[112] Dittmar und Pfeiffer, *Modellbasierte Prädiktive Regelung*: S. 16.

lerentwurf benötigt wird. Des Weiteren sind PID-Regler für eine Regelung von Prozessketten über mehrere Unternehmensebenen nicht geeignet. Ein Ansatz zur Regelung übergreifender Ebenen sind modellbasierte Regler wie beispielsweise die vorgestellten Model Predictive Control (MPC) Systeme. Diese Regler verfügen prinzipiell über die geforderten Module zur Modellierung und Optimierung. Sowohl für die Modellierung, also in diesem Fall die Prädiktion, als auch für die Optimierung können verschiedene Verfahren zum Einsatz kommen. Bei den meisten derzeit eingesetzten MPC Reglern kommen Modelle zum Einsatz, die in einer Vorlaufphase experimentell ermittelt wurden. Der Optimierer der gängigen MPC-Verfahren stützt sich in der Regel auf numerische Verfahren, da schon bei einem relativ geringen Grad an Komplexität des zu regelnden Prozesses eine analytische Lösung des Optimierungsproblems nicht mehr möglich ist.[113] Jedoch besitzen auch diese numerischen Optimierungsverfahren Schwächen, aufgrund derer sie sich für ein selbstoptimierendes System nur sehr bedingt eignen. Problematisch ist insbesondere die Tatsache, dass diese Verfahren in lokalen Optima festsitzen können.

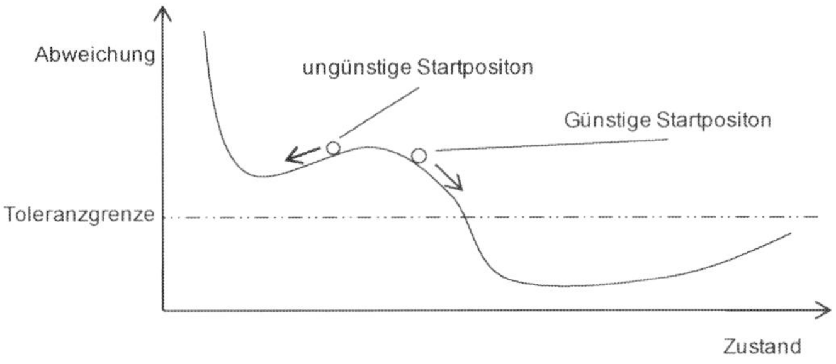

Abbildung 2.26: Optimierungsproblem durch lokales Optimum[114]

Abbildung 2.26 verdeutlicht die Problematik. Der Erfolg einer Optimierung hängt meist von der zufällig gewählten Startposition ab. Wird eine ungünstige Startposition gewählt, so kann möglicherweise nur ein lokales Optimum erreicht werden, dass jedoch die Toleranzkriterien nicht erfüllt. Des Weiteren stoßen gängige Optimierungsverfahren oft an ihre Grenzen, da der Problemraum eine Vielzahl möglicher Kombinationen bietet. Wenn bei jedem Optimierungsschritt ein Modell bzw. eine Simulation abgefragt werden muss, überschreitet die dafür notwendige Zeit oft die akzeptablen Grenzen.[115] Damit ein Optimierer nicht immer wieder eine vollständige Suche durchführen muss, wäre eine Lernfähigkeit des Systems wünschenswert.

---

[113] Ebenda, S. 41.

[114] Posielek, *Einsatz kombinatorischer Optimierungsmethoden bei automatischer Optimierung von Umformprozessen*, 125: S. 40.

[115] Ebenda, S. 41.

Darüber hinaus fehlt bei aktuell verfügbaren MPC Regelungen die notwendige Autonomie und Flexibilität zur Realisierung einer funktionsorientierten, selbstoptimierenden Produktionsregelung. Die Systeme müssen für jeden Prozess individuell ausgestaltet werden und sind nicht in der Lage, sich an Veränderungen im Prozess eigenständig anzupassen.[116]

Ein weiterer vielversprechender Ansatz ist eine Prozessregelung mit Hilfe von Fuzzy Logic, das Fuzzy Control. Diese Technologie bietet eine einfache Möglichkeit vorhandenes Expertenwissen in einen Regler zu integrieren. Ein mathematisches Modell des zu regelnden Systems ist hier nicht notwendig. Jedoch besitzen auch Fuzzy Systeme Nachteile, die eine Realisierung eines selbstoptimierenden Systems nicht möglich machen. Zur Auslegung eines Fuzzy Systems muss das Verhalten des zu regelnden Systems zumindest in Form von linguistischen Regeln vorhanden sein. Besonders bei komplexen Produktionsprozessen ist dies jedoch selten der Fall, da die Zusammenhänge innerhalb des Systems häufig nicht vollständig bekannt bzw. verstanden sind.[117] Des Weiteren sind auch Fuzzy Systeme nicht lernfähig, d.h. eine Anpassung des Fuzzy Systems an sich ändernde Bedingungen sind nur unter sehr hohem Aufwand realisierbar. Eine automatische Adaption des Systems ist nicht möglich.[118] Zusätzlich ist die Defuzzifizierung mit einem sehr hohen Rechenaufwand verbunden, so dass eine moderate Geschwindigkeit mit einer häufig unzureichenden Genauigkeit erkauft wird.[119]

Zusammenfassend lässt sich feststellen, dass eine Kaskadenregelung in Verbindung mit modellbasierten Reglern ein vielversprechender Ansatz zur Realisierung einer selbstoptimierenden Produktionsregelung ist. Jedoch müssen die bestehenden Strukturen und Verfahren soweit verändert werden, dass sie über eine inhärente Autonomie und Lernfähigkeit verfügen. Nur so ist ein Einsatz in Prozessen möglich, für die kein vollständiges Modell vorhanden ist und die zudem noch einer hohen Dynamik unterworfen sind.

Die Herausforderung liegt in der technologischen Ausgestaltung eines modellbasierten Regelungssystems, das die Anforderungen einer funktionsorientierten und selbstoptimierenden Produktionsregelung erfüllt.

---

[116] K.F. Früh und W. Ahrens, *Handbuch der Prozessautomatisierung: Prozessleittechnik für verfahrenstechnische Anlagen* (München: Oldenbourg, 2009), S. 120.

[117] H.J. Gevatter, *Handbuch der Mess- und Automatisierungstechnik in der Produktion* (Berlin [u.a.]: Springer, 2006), S. 42.

[118] H.-H. Braess, *Vieweg-Handbuch Kraftfahrzeugtechnik*, ed. U. Seiffert (Wiesbaden: Vieweg, 2007), S. 727.

[119] Raabe, *Prozeßoptiemierung für das funkenerosive Senken mit Neuro-Fuzzy-Control*, 30: S. 41.

3 Kognition zur Ermöglichung einer effektiven und effizienten Regelung von Produktionsprozessen mit einer Vielzahl inhärenter Abhängigkeiten

Kapitel 2.4 identifiziert die fehlende Autonomie und Lernfähigkeit als zentrales Defizit aktueller Produktionsregelung. Im Rahmen dieser Arbeit wird diesem Defizit mit dem Einsatz kognitiver Technologien begegnet.

Das nachfolgende Kapitel stellt verschiedene kognitive Technologien vor und diskutiert Einsatzmöglichkeit in der Produktionsregelung. Dazu wird vorab der Begriff Kognition definiert und kognitive Informationsverarbeitung allgemein modelliert. Das Kapitel schließt mit einem Zwischenfazit und einer Konkretisierung der in dieser Arbeit behandelten Forschungsfrage.

3.1 Modellierung kognitiver Informationsverarbeitung

3.1.1 Grundlagen der Kognitionswissenschaft

Der Begriff „Kognition" entstammt vom lateinischen *cognoscere* bzw. vom griechischen *gignoskein* und steht für Prozesse der Wahrnehmung, des Erkennens, der Vorstellung, des Wissens, des Denkens, der Handlungsplanung und der Kommunikation.[120]

Der Kognitionsbegriff wurde durch die Psychologie im 19. Jahrhundert geprägt und bezeichnet in diesem Zusammenhang Beziehungen zwischen Erkenntniseinheiten des Bewusstseins[121] [122] bzw. das allgemeine Erkenntnisvermögen[123]. Aktuell wird in der Psychologie unter dem Begriff Kognition folgendes verstanden: *„Funktionen die das Wahrnehmen und Erkennen, das Enkodieren, Speichern und Erinnern sowie das Denken und Problemlösen, die motorische Steuerung und schließlich den Gebrauch von Sprache umfassen"*[124].[125]

Im Rahmen der Erforschung kognitiver Vorgänge hat sich in den 1970er Jahren aus dem Kognitivismus die Kognitionswissenschaft entwickelt. Im Kognitivismus steht ein inneres kognitives System in Wechselwirkung mit Informationen aus der Umwelt. Dabei

[120] M. Pospeschill, *Konnektionismus und Kognition* (Stuttgart: W. Kohlhammer GmbH, 2004), S. 43.

[121] W.D. Fröhlich, *dtv-Wörterbuch der Psychologie* (München: Deutscher Taschenbuch Verlag, 2000), S. 258.

[122] G. Strube, *Wörterbuch der Kognitionswissenschaft* (Stuttgart: Klett-Cotta, 1996), S. 303.

[123] W. Prinz, *Historisches Wörterbuch der Philospohie*, vol. 4 (Basel: Schwabe, 1976), S. 866ff.

[124] Strube, *Wörterbuch der Kognitionswissenschaft*: S. 303.

[125] Pospeschill, *Konnektionismus und Kognition*: S. 43.

werden aufgenommene Informationen unter Berücksichtigung existierender Informationen verarbeitet und in ein Wissensnetz integriert.[126] Die Kognitionswissenschaft ist heute ein interdisziplinäres Forschungsfeld der Informatik, Psychologie und der Philosophie. Das Ziel ist die Erforschung von geistigen Leistungen und der ihnen zugrunde liegenden Prozesse und Strukturen. Dabei werden sowohl der Mensch und andere Lebewesen als auch die durch technische Systeme realisierte künstliche Intelligenz untersucht.[127] [128]

Durch die Kognitionswissenschaft sollen die Erkenntnisse der einzelnen Fachbereiche miteinander kombiniert werden. Die einzelnen Themen stehen nicht nebeneinander, sondern wirken komplementär.[129]

Schwerpunkt der Kognitionswissenschaft ist die Untersuchung kognitiver Systeme. Diese setzen sich aus Informationen, Informationsverarbeitung und einer umgebenden Umwelt zusammen. Kognitive Systeme nehmen Informationen aus der Umwelt auf, verarbeiten diese und wirken anschließend auch wieder auf die Umwelt ein.[130]

Im Rahmen der Kognitionswissenschaft wird zwischen der Computermetapher, der Gehirnmetapher und der Ökosystemmetapher als zentrales Paradigma unterschieden.

In der Computermetapher wird die menschliche Kognition anhand des formalen Modells eines Computers betrachtet.[131] Dabei wird die Von-Neumann-Architektur herangezogen. Diese besteht aus einer zentralen Steuereinheit (CPU) und einem oder mehreren Datenspeichern. Sowohl bei der Von-Neumann-Architektur, als auch beim menschlichen Rechnen mit natürlichen Zahlen werden die notwendigen Schritte streng sequentiell ausgeführt.[132]

---

[126] vgl. U. Neisser, *Cognition and reality* (San Francisco: Freeman, 1976).

[127] H.J. Putzer, *Ein uniformer Architekturansatz für Kognitive Systeme und seine Umsetzung in ein operatives Framework* (Berlin: Dr. Köster Verlag, 2004), S. 21.

[128] B. Odenthal et al., *Grundlagen der Kognition*, Exzellenzcluster - Integrative Produktionstechnik für Hochlohnländer (Aachen: RWTH Aachen, 2007), S. 3.

[129] H. Strohner, *Kognitive Systeme. Eine Einführung in die Kognitionswissenschaft* (Opladen: Westdeutscher Verlag, 1995), S. 9.

[130] Ebenda, S. 34ff.

[131] vgl. A. Newell und H.A. Simon, *Human problem solving* (Upper Saddle River: Prentice-Hall, 1972).

[132] Strohner, *Kognitive Systeme. Eine Einführung in die Kognitionswissenschaft*: S. 42.

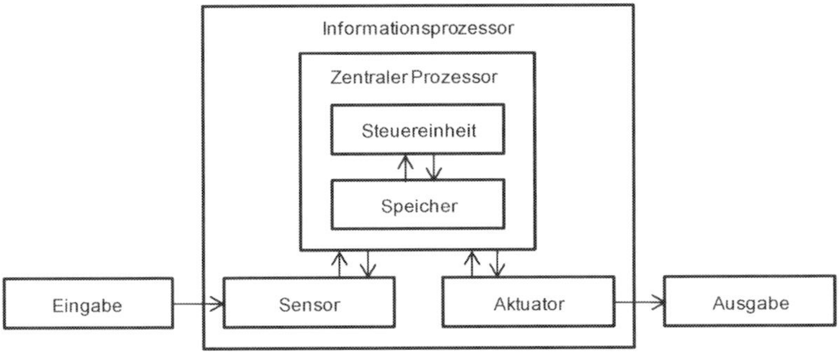

Abbildung 3.1: Computermetapher[133]

Abbildung 3.1 zeigt die Tektonik eines kognitiven Systems in der Computermetapher. Die Darstellung verdeutlicht die streng sequentielle Informationsverarbeitung. Ein weiterer wichtiger Punkt bei der Computermetapher ist das Verständnis, dass ein kognitives System auf Grundlage der Symbolverarbeitung funktioniert.

Innerhalb des Paradigmas der Gehirnmetapher wird die menschliche Kognition an den Eigenschaften des Gehirns erklärt. Diese lassen sich besonders durch parallele Informationsverarbeitung mit neuronalen Netzwerken charakterisieren. Im Gegensatz zum Computer besteht das Gehirn nicht aus einem zentralen Steuerwerk, sondern aus einer Vielzahl gleichwertig verschalteter Neuronen (vgl. Abbildung 3.2).[134] [135]

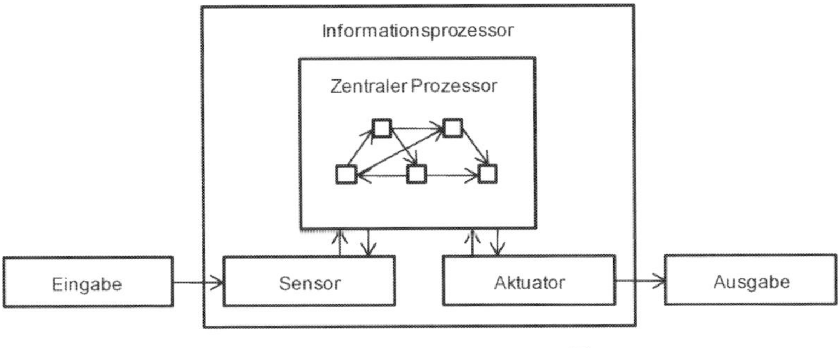

Abbildung 3.2: Gehirnmetapher[136]

Dieser Ansatz wird auch als Konnektionismus bezeichnet. Er basiert auf der Vorstellung, dass kognitives Verhalten durch das Zusammenspiel vieler gleichberechtigt ver-

[133] Ebenda, S. 43.

[134] Odenthal et al., *Grundlagen der Kognition*: S. 4.

[135] Strohner, *Kognitive Systeme. Eine Einführung in die Kognitionswissenschaft*: S. 48.

[136] Ebenda, S. 49.

schalteter Recheneinheiten erreicht werden kann. Beim Konnektionismus werden explizite Regeln und Symbole abgelehnt. Stattdessen werden verteilte Repräsentationen genutzt, in denen Konzepte als Aktivierungsmuster in verschalteten Netzen beschrieben sind.[137] [138]

Die dritte Vorstellung von kognitiven Systemen, die Ökosystemmetapher, ist bedeutend umfassender als die Computer- und die Gehirnmetapher. Die Ökosystemmetapher basiert auf der Idee, dass Lebewesen und ihre Umwelt ein System bilden, das nicht ohne weiteres getrennt werden kann. Die Kognition entsteht aus dem charakteristischen Verhältnis zwischen dem Lebewesen und seiner Umwelt. Nicht das Gehirn alleine bestimmt die Kognition, sondern das Gehirn in Interaktion mit der Umwelt.[139]

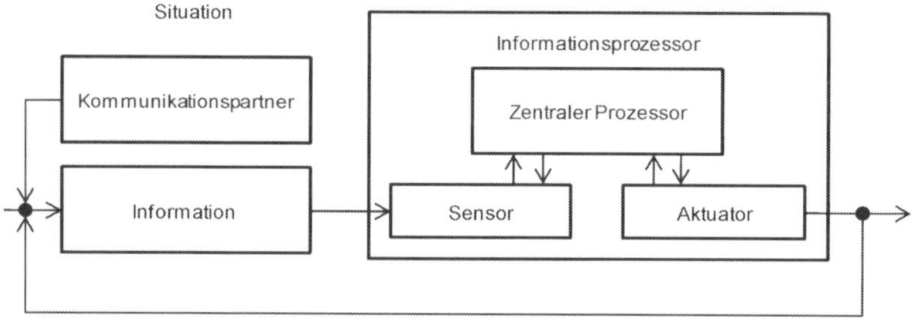

Abbildung 3.3: Ökosystemmetapher[140]

Dabei ist die relevante Umwelt nicht nur die Information, sondern die Information und die Situation. Diese Kombination wird auch als situierte Information bezeichnet. Das kognitive Ökosystem ist ein adaptives System, das aus Lebewesen und deren Umweltobjekten besteht. Um neben Lebewesen auch Maschinen betrachten zu können, wird anstelle von Lebewesen von kognitiven Informationsprozessoren gesprochen (vgl. Abbildung 3.3).[141] Dieser junge Ansatz überwindet die starre Ansicht einer reinen Input-Output-Beziehung. Wahrnehmung und Bewusstsein sind Produkte, die durch Interaktion mit der Umwelt entstehen.[142]

Im Folgenden wird mit der Wahrnehmung der Umwelt, der Interpretation wahrgenommener Informationen, Gedächtnismodellen, Lernen und Entscheidungsfindung auf die zentralen Elemente eines kognitiven Systems eingegangen.

---

137 P.A. Frensch, "Kognition," in *Handbuch der allgemeinen Psychologie - Kognition*, ed. J. Funke und P.A. Frensch (Göttingen: Hogrefe Verlag, 2006), S. 23.

138 Odenthal et al., *Grundlagen der Kognition*: S. 4.

139 Strohner, *Kognitive Systeme. Eine Einführung in die Kognitionswissenschaft*: S. 54.

140 Ebenda, S. 56.

141 Ebenda.

142 Odenthal et al., *Grundlagen der Kognition*: S. 4.

3.1.2 Wahrnehmung und Interpretation der Umwelt

Zu Beginn eines kognitiven Systems bzw. der kognitiven Informationsverarbeitung steht die Aufnahme bzw. die Wahrnehmung von Informationen. Wahrnehmung bedeutet hierbei die Entdeckung eines physikalischen Reizes über diverse Sinnesorgane oder Sensoren. Nach der reinen Wahrnehmung eines Reizes steht die Identifikation der aufgenommenen Informationen. Dabei wird ein Reiz mit bereits vorhandenen Schemata verglichen und entsprechend eingeordnet.[143]

Zur Wahrnehmung stehen Lebewesen verschiedene Sinnesorgane zur Verfügung. Beim Menschen sind dies die visuelle Wahrnehmung mit den Augen, die auditive Wahrnehmung mit den Ohren, die olfaktorische Wahrnehmung mit der Nase, die gustatorische Wahrnehmung mit der Zunge und die taktile Wahrnehmung mit der Haut.[144] Bei technischen Systemen lässt sich die Wahrnehmung bzw. die Informationsaufnahme in Sensoren, Schnittstellen und Eingabegeräte unterscheiden. Sensoren dienen der Erfassung von Umweltzuständen wie bspw. Positionen, mechanische Größen, fluide Größen, Temperaturen oder chemische bzw. biologische Stoffgrößen.[145] Schnittstellen dienen der standardisierten Kommunikation bzw. dem Datenaustausch zwischen mehreren technischen Systemen.[146] [147] Eingabegeräte sind Schnittstellen zum Benutzer, also zum Menschen. Sie werden auch als Mensch-Maschine Schnittstellen bezeichnet. Durch Eingabegeräte wird eine Informationsübertragung von Menschen zum technischen System ermöglicht. Hierbei kann es sich sowohl um klassische Eingabegeräte wie Tastatur und Maus, aber auch um komplexere Verfahren wie eine Gesichts- oder Gestenerkennung handeln.[148] [149]

Um aus den wahrgenommenen Reizen oder Daten Informationen zu entnehmen, müssen diese entsprechend interpretiert werden. Die Kombination aus Entdecken eines Reizes und Interpretation des Reizes bzw. Erkennen der Information wird in der Kognitionswissenschaft als Informationsaufnahme bezeichnet.[150]

---

[143] vgl. C. Schlick, *Arbeitswissenschaft* (Berlin, Heidelberg. Springer, 2010), S. 291ff.

[144] vgl. R.F. Schmidt, F. Lang, und M. Heckmann, *Physiologie des Menschen*, 31. (Heidelberg: Springer Medizin Verlag, 2010), S. 274ff.

[145] vgl. S. Hesse und G. Schnell, *Sensoren für die Prozess- und Fabrikautomation: Funktion - Ausführung - Anwendung* (Wiesbaden: Vieweg + Teubner in GWV Fachverlage GmbH, 2009).

[146] vgl. F. Wittgruber, *Digitale Schnittstellen und Bussysteme: Einführung für das technische Studium* (Braunschweig; Wiesbaden: Vieweg, 2002).

[147] vgl. M. Werner, *Netze, Protokolle, Schnittstellen und Nachrichtenverkehr: Grundlagen und Anwendungen* (Wiesbaden: Vieweg, 2005).

[148] vgl. J. Schenk und G. Rigoll, *Mensch-Maschine-Kommunikation: Grundlagen von sprach- und bildbasierten Benutzerschnittstellen* (Berlin; Heidelberg: Springer, 2010).

[149] In die verschiedenen Elemente der menschlichen und technischen Wahrnehmung kann im Rahmen dieser Arbeit nicht vollständig eingegangen werden. Für weiterführende Informationen sei daher auf die angegebene Literatur verwiesen.

[150] Schlick, *Arbeitswissenschaft*: S. 227.

Zur Erklärung, wie Daten oder Reize interpretiert werden, existieren in der Kognitionswissenschaft drei Modelle: Der Schablonenvergleich, die Merkmalsanalyse und das Pandämonium nach SELFRIDGE.

Der Schablonenvergleich ist die offensichtliste Art der Erkennung und Interpretation von Mustern. Beim Schablonenvergleich wird ein wahrgenommener Reiz mit bereits vorhandenen Mustern verglichen. Diese Muster werden als Schablonen bezeichnet. Der Reiz kann identifiziert werden, wenn ein bestimmter Übereinstimmungsgrad mit einer vorhandenen bzw. erlernten Schablone erreicht wird. Ein Beispiel ist die Erkennung von visuell aufgenommenen Schriftzeichen. Hierbei ist der Mensch äußerst anpassungsfähig, wenn die Zeichen von der gewohnten Form, Größe oder Position abweichen. Maschinelle Schrifterkennung ist ebenfalls möglich, jedoch muss hier für das Erreichen einer entsprechenden Flexibilität ein sehr hoher Aufwand getrieben werden.[151]

Ein alternatives Modell zum Schablonenvergleich ist die Merkmalsanalyse. Dieses Modell wurde postuliert, da durch das starre Modell des Schablonenvergleichs zahlreiche Schwierigkeiten aufgeworfen wurden. Bei der Merkmalsanalyse wird ein Reiz bzw. ein Signal als eine Kombination elementarer Merkmale betrachtet. Für die Schrifterkennung wird entsprechend bspw. der Buchstabe A nicht mit einer festen Schablone verglichen, sondern in zwei ca. 30° geneigte Striche (/ und \) und einen waagerechten Strich (-) zerlegt. Die Information zur Erkennung des Buchstabens besteht also aus den Strichen und einer Vorschrift diese zu kombinieren. Das Modell der Merkmalsanalyse erklärt die menschliche Flexibilität bei der Mustererkennung besser als das des Schablonenvergleichs. Es erlaubt eine Reduzierung auf die wesentlichen Charakteristika eines Musters und so eine zuverlässige Erkennung. In zahlreichen psychologischen Experimenten konnte eine Evidenz zu Gunsten der Merkmalsanalyse geliefert werden.[152]

Noch weiter geht SELFRIDGE mit der Mustererkennung als Pandämonium.[153] Jedes mögliche Muster wird als eine Hierarchisierung von unterschiedlich gewichteten Verbindungen repräsentiert. Die Gewichtungen unterscheiden in relevante und irrelevante Merkmale. Komplexe Reize werden nicht als Gesamtheit betrachtet, sondern in eine Menge von Merkmalen zerlegt. Im Neurocortex existieren Nervenzellen, die auf unterschiedliche Raumlagen, Winkel, Lichtkontraste und Bewegungen reagieren.[154] Bei Buchstaben sind das bspw. Anzahl und Krümmung der einzelnen Linien. Erfüllt ein Reiz alle nötigen Merkmale, wird der jeweilige Buchstabe erkannt.[155] [156]

---

[151] J. R. Anderson, *Kognitive Psychologie*, 6. (Berlin, Heidelberg: Springer, 2007), S. 61f.

[152] Ebenda, S. 63ff.

[153] O. Selfridge, "Pandemonium, A Paradigm for Learning" (paper presented at the Symposium on the Mechanization of Thought Process, London, 1959).

[154] Schlick, *Arbeitswissenschaft*: S. 337.

[155] B. Rathgeber, *Modellbildung in den Kognitionswissenschaften* (Münster: LIT Verlag, 2010), S. 233ff.

[156] Die hier vorgestellten elementaren Erkennungsmodelle fokussieren auf die visuelle Mustererkennung. Im Bereich der Kognitionswissenschaft existieren weitere sehr detaillierte und

Neben der Erkennung und Interpretation rein anhand des physischen Reizes oder Signals spielt in der Kognition die Berücksichtigung des Kontextes, in dem der Reiz auftritt, eine entscheidende Rolle.

Abbildung 3.4: Einfluss von Kontextinformation[157]

Abbildung 3.4 visualisiert den Einfluss der Kontextinformation. Das A und das H sind in der Abbildung jeweils identisch, trotzdem führt der Kontext zu einer angemessenen Deutung. Findet ein solcher Einfluss des Kontextes auf die Erkennung statt, spricht man von Top-Down-Prozessen. Bei Top-Down-Prozessen ist die Erkennung von Vorwissen bzw. von Erfahrung abhängig. Schon bekannte Reize oder Signale werden sehr schnell erkannt und in einen sinnvollen Kontext gebracht. Ein Top-Down-System geht also von dem aus, was erwartet wird.[158] Vorhandenes Wissen steuert die Wahrnehmung.[159]

Wird der Reiz ohne Einflüsse von vorhandenem Wissen, bzw. ohne einen Kontext interpretiert, spricht man von Bottom-Up-Prozessen. Die Informationsverarbeitung in einem Bottom-Up-Prozess ist entsprechend einfacher, da nur der Reiz an sich untersucht werden muss und nicht mit einer entsprechend umfangreichen Wissensbasis abgeglichen werden muss.[160]

Beide Prozesse, Top-Down und Bottom-Up, greifen ineinander und unterstützen sich entsprechend.[161]

Zur Berücksichtigung des Kontextes existieren in der Gestaltungspsychologie verschiedene Gesetze. Das Gesetz der Nähe gruppiert örtlich oder zeitlich nahe Reize. Nach dem Gesetz der Vertrautheit werden Reize gruppiert, wenn diese vertraut oder bedeutsam erscheinen. Das Gesetz der Ähnlichkeit sagt aus, dass ähnliche Reize eine Gruppe bilden. Nach dem Redundanzprinzip werden Reize oder Signale schneller erkannt, wenn sie synchron über mehrere Sinnesorgane aufgenommen werden. Das Prinzip der guten Fortsetzung gruppiert einzelne Punkte, die auf einer sanft gebogenen

---

spezielle Modelle, sowie entsprechende Pendants für die Erkennung von Gesichtern, gesprochener Sprache, etc. Für weitere Informationen muss an dieser Stelle auf die Literatur verwiesen werden.

[157] Anderson, *Kognitive Psychologie*: S. 77.

[158] Odenthal et al., *Grundlagen der Kognition*: S. 9.

[159] Anderson, *Kognitive Psychologie*: S. 77.

[160] Ebenda.

[161] P.H. Lindsay und D. A. Norman, *Einführung in die Psychologie: Informationsaufnahme und -verarbeitung beim Menschen* (Berlin, Heidelberg: Springer, 1981), S. 202.

Linie liegen. Nach dem Prägnanzprinzip werden Reize in möglichst einfache Muster zerlegt.[162]

3.1.3 Gedächtnismodelle der kognitiven Informationsverarbeitung

Das Gedächtnis ist der Informationsspeicher eines kognitiven Systems. Es enkodiert, speichert, transformiert und ruft Informationen wieder ab. Enkodieren bedeutet hierbei die Umwandlung von wahrgenommenen Reizen in neuronalen Code. Speicherung steht für die Aufbewahrung der Inhalte, und das Abrufen steht für die Nutzung der gespeicherten Inhalte. In technischen Systemen können gespeicherte Informationen in der Regel wieder abgerufen werden. Beim Menschen muss zwischen speichern und erinnern unterschieden werden. Eine gespeicherte Information muss nicht zwangsläufig zu einem bestimmten Zeitpunkt abrufbar sein. Evtl. kann sich erst später wieder an die gespeicherte Information erinnert werden.

Seit dem ersten Gedächtnismodell von EBBINGHAUS[163], das 1885 publiziert wurde, wurden unterschiedliche Modelle und Konzepte zur detaillierten Erklärung des menschlichen Gedächtnisses entwickelt.[164] Jedes einzelne weist nach wie vor empirische und theoretische Fragen und Probleme auf.[165]

Prinzipiell lässt sich das Gedächtnis in ein Kurzzeitspeicher und einen Langzeitspeicher unterteilen. 1968 nahmen ATKINSON und SHIFFRIN eine Erweiterung um einen Ultrakurzzeitspeicher vor.[166] Die drei Speicher sind seriell angeordnet. Eine Information gelangt von der Wahrnehmung in das Ultrakurzzeitgedächtnis, bei weiterer Bearbeitung in das Kurzzeitgedächtnis und entsprechend u.U. in das Langzeitgedächtnis. Alle Informationen werden über das Ultrakurzzeitgedächtnis aufgenommen. Es kann als sensorisches Register verstanden werden. Die zeitliche Speicherkapazität im Ultrakurzzeitgedächtnis ist sehr kurz, es ist also höchst flüchtig. Jedoch ist die Kapazität an gleichzeitig speicherbaren Informationen sehr hoch.[167]

Ein geringer Anteil der Informationen aus dem Ultrakurzzeitgedächtnis gelangt in das Kurzzeitgedächtnis. Die Auswahl der weiterzuverarbeitenden Informationen erfolgt durch Aufmerksamkeitsprozesse. Die Speicherkapazität im Kurzzeitgedächtnis ist sehr gering. Informationen sind schon nach wenigen Sekunden verloren, können jedoch

---

[162] Schlick, *Arbeitswissenschaft*: S. 355f.

[163] vgl. H. Ebbinghaus, *Über das Gedächtnis: Untersuchungen zur experimentellen Psychologie (Nachdruck)* (Darmstadt: Wissenschaftliche Buchgesellschaft, 1971).

[164] vgl. J. Bredenkamp, *Lernen, Erinnern und Vergessen* (München: C.H. Beck, 1998).

[165] B. Vaterrodt-Plünnecke und J. Bredenkamp, "Gedächtnis: Definitionen, Konzeptionen, Methoden," in *Handbuch der allgemeinen Psychologie - Kognition*, ed. J. Funke und P.A. Frensch (Göttingen: Hogrefe Verlag, 2006), S. 297.

[166] vgl. R.C. Atkinson und R.M. Shiffrin, "Human memory: A proposed system and its control processes," in *The psychology of learning and motivation: Advances in research and theory*, ed. K.W. Spence (New York: Academic Press, 1968).

[167] Vaterrodt-Plünnecke und Bredenkamp, "Gedächtnis: Definitionen, Konzeptionen, Methoden," S. 298.

durch ständiges Wiederholen im Kurzzeitgedächtnis gehalten werden. Das Kurzzeitgedächtnis wird auch Arbeitsgedächtnis genannt, da es für die verschiedenen Planungs- und Entscheidungsprozesse benötigt wird.[168]

Das Langzeitgedächtnis verfügt über eine praktisch unbegrenzt hohe Kapazität und ist in der Lage, Informationen dauerhaft zu speichern. Informationen, die im Kurzzeitgedächtnis ständig wiederholt werden, gelangen in das Langzeitgedächtnis. Dort stehen sie dauerhaft zur Verfügung. Sich „nicht erinnern" zu können wird in der Regel als eine Folge von Abrufschwierigkeiten aufgefasst.[169]

Zur Beschreibung des Langzeitgedächtnisses existiert ein systemorientierter und ein prozessorientierter Zugang. Bisher dominieren die systemorientierten Ansätze.[170] Dort lässt sich das Langzeitgedächtnis in einen deklarativen und eine nichtdeklarativen[171] Bereich aufteilen (vgl. Abbildung 3.5).

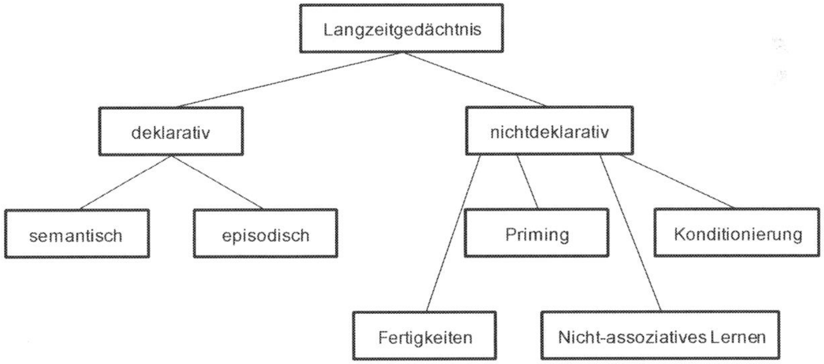

Abbildung 3.5: Modellierung des Langzeitgedächtnisses[172]

Im deklarativen Teil ist Wissen über Tatsachen und Zusammenhänge abgelegt. Dieser Teil des Gedächtnisses kann bewusst genutzt werden. Die Inhalte sind klar verfügbar, mit konkreten Ereignissen verbunden und flexibel auf neue Situationen übertragbar. Das deklarative Langzeitgedächtnis gliedert sich in einen semantischen und einen episodischen Teil. Im semantischen Teil ist Wissen über Fakten, Konzepte, Wortbedeutungen, Regelsysteme bzw. allgemeine Zusammenhänge abgelegt. Das episodische Gedächtnis enthält Erinnerungen an konkrete Ereignisse. Es speichert räumlich-

[168] Ebenda.

[169] Ebenda, S. 297f.

[170] E. van der Meer, "Langzeitgedächtnis," in *Handbuch der Allgemeinen Psychologie - Kognition*, ed. J. Funke und P.A. Frensch (Göttingen: Hogrefe, 2006), S. 347.

[171] Häufig wird der nichtdeklarative Bereich auch als „prozedural" bezeichnet.

[172] L.R. Squire und E.R. Kandel, *Gedächtnis. Die Natur des Erinnerns* (Heidelberg: Spektrum, 1999).

zeitliche Charakteristika von Ereignissen. Es wird auch als Quellengedächtnis bezeichnet.[173]

Das nichtdeklarative Langzeitgedächtnis ist unabhängig von bewussten Erinnerungen. Eine Manifestation erfolgt aufgrund erfahrungsbedingter Verhaltensänderungen. Die dem Langzeitgedächtnis zugeordneten Gedächtnisleistungen sind recht heterogen: nicht-assoziatives und assoziatives Lernen, Priming, Wahrnehmungslernen und emotionales Lernen, Fertigkeiten und Gewohnheiten. Das nichtdeklarative Langzeitgedächtnis wächst durch vergangene Ereignisse, ist jedoch nicht bewusst steuerbar.[174] Es wird auch als prozedurales Gedächtnis bezeichnet.

3.1.4 Lernen

Lernen wird meistens mit dem Erwerb von Kenntnissen und Fähigkeiten gleichgesetzt. In der Psychologie wird der Begriff erweitert betrachtet. Hier schließt das Lernen bspw. auch die Anpassung eines Individuums an die Veränderung seiner natürlichen und sozialen Umwelt oder die Entstehung und Therapie verschiedener pathologischer Verhaltensmuster ein. Im Bereich der Kognition wird daher zwischen „Lernen als Wissenserwerb“ und „Lernen als Verhaltensänderung“ unterschieden.[175]

Lernen als Wissenserwerb bezeichnet den Aufbau von Kenntnissen und Fähigkeiten. Es handelt sich um eine relativ überdauernde Veränderung kognitiver Strukturen. Diese Veränderung läuft als mehrstufiger Prozess in der Form Verstehen, Speichern und Abrufen ab. Als kognitive Strukturen werden komplexe mentale Repräsentationen bezeichnet, die verbales Lernen, Fähigkeitserwerb, Wissenserwerb aus Texten, Konzepterwerb, motivationale Konstrukte und Meta-Kognition, z.B. Planungs- und Steuerungswissen über den eigenen Lernprozess, beinhalten. Lernen als Wissenserwerb lässt sich definieren als *„den Aufbau und Gebrauch komplexer mentaler Wissensrepräsentationen“*.[176]

Lernen als Verhaltensänderung lässt sich weniger direkt und eindeutig beobachten. Die Resultate des Lernens sind jedoch meist in einer Verhaltensänderung abbildbar. Allerdings reflektieren nicht alle Verhaltensänderung Lernen, sondern nur die, die auf Erfahrung, Übung oder Beobachtung beruhen. Lernen als Verhaltensänderung kann definiert werden als *„ein auf Erfahrung, Übung oder Beobachtung basierender Prozess, der zu relativ überdauernden Veränderungen im Verhalten oder im Verhaltenspotential führt“*.[177]

[173] van der Meer, "Langzeitgedächtnis," S. 348.

[174] Ebenda, S. 348ff.

[175] M. Hammerl und H.-J. Grabitz, "Lernen: Definitionen, methodische Ansätze, Theorien des Lernens," in *Handbuch der allgemeinen Psychologie - Kognition*, ed. J. Funke und P. Frensch (Göttingen: Hogrefe, 2006), S. 203.

[176] Ebenda, S. 204.

[177] Ebenda, S. 203f.

Im Bereich der Kognitionswissenschaften existieren verschiedene Paradigmen zur Beschreibung von Lernvorgängen. Bei der klassischen Konditionierung nach PAWLOW werden neutrale Reize mit reflexauslösenden Reizen gekoppelt und erlangen nach mehreren Wiederholungen selbst die Fähigkeit Reflexe auszulösen[178]. Einen Schritt weiter ging THORNDIKE mit der wissenschaftlichen Erforschung der instrumentellen Konditionierung[179]. Die instrumentelle Konditionierung beschreibt Vorgänge, bei denen das Erlernen einer bestimmten Verhaltensweise durch Gabe von Belohnungen erreicht bzw. verstärkt wird. Diese Lernverfahren finden insbesondere im therapeutischen Bereich Anwendung.[180]

Beim Lernen durch Beobachtung (auch Imitationslernen oder soziales Lernen) beobachtet ein Individuum das Verhalten eines anderen Individuums und ist anschließend in der Lage, dieses Verhalten zu wiederholen. Das Lernen durch Beobachtung ermöglicht das Erlernen sehr komplexer Verhaltensmuster weit besser als das Lernen mit instrumenteller Konditionierung.[181] [182]

3.1.5 Kognitive Entscheidungsfindung

Eine Besonderheit der Kognition ist das Treffen von Entscheidungen. Entscheidungen können hierbei als ein Prozess verstanden werden, der auf das Lösen eines Konfliktes hin orientiert ist. Dabei handelt es sich in der Regel um eine Wahl zwischen mehreren möglichen Handlungsoptionen.[183]

Prinzipiell existieren zwei verschiedene Ansätze zur Modellierung von Entscheidungen. Die normative Entscheidungstheorie sucht nach Regeln und Normen für ein rationales Handeln. Das Ziel ist die Identifikation „theoretisch richtiger“ Entscheidungen. Dem gegenüber steht die deskriptive Entscheidungstheorie. Dieser Ansatz modelliert das tatsächliche Entscheidungsverhalten des Menschen. Er wird auch als empirisch-realistische Entscheidungstheorie bezeichnet.[184] Es wird eine Antwort auf die Fragen gesucht, wie Wahrscheinlichkeitsurteile über ungewisse Ereignisse gefällt werden, wie Zielbildung erfolgt, wie Charaktere und Gruppen zu Entscheidungen gelangen und wie der Informationsbeschaffungs- und Verarbeitungsprozess bei verschiedenen Entscheidungen abläuft.[185]

---

[178] vgl. D.P. Todes, *Pavlov's physiology factory: experiment, interpretation, laboratory enterprise* (Baltimore: Johns Hopkins Univ. Press, 2002).

[179] vgl. E.L. Thorndike, *Educational psychology* (New York: Lemcke and Buechner, 1903).

[180] Hammerl und Grabitz, "Lernen: Definitionen, methodische Ansätze, Theorien des Lernens," S. 206f.

[181] G.-W. Rothgang, *Entwicklungspsychologie* (Stuttgart: Kohlhammer, 2009), S. 137ff.

[182] Hammerl und Grabitz, "Lernen: Definitionen, methodische Ansätze, Theorien des Lernens," S. 207.

[183] Odenthal et al., *Grundlagen der Kognition*: S. 10.

[184] P. Dörsam, *Grundlagen der Entscheidungstheorie*, 5. (Heidenau: PD-Verlag, 2007), S. 7.

[185] H. Laux, *Entscheidungstheorie* (Berlin, Heidelberg, New York: Springer, 2003), S. 14.

Der kognitive Ablauf einer Entscheidung kann als Prozess verstanden werden. Dies gilt insbesondere dann, wenn nicht alleine der Entschluss, sondern auch dessen Vorbereitung einbezogen wird. Der Entscheidungsprozess ähnelt einem Problemlösungsprozess. Mögliche Lösungen für das Problem werden durch die vorhandenen Alternativen repräsentiert, die tatsächliche Lösung ist die ausgewählte Alternative. Ein Entscheidungsprozess ist durch folgende Elemente charakterisiert:[186]

1. Problem
2. Präzisierung des Zielsystems
3. Erforschung der möglichen Handlungsalternativen
4. Auswahl einer Alternative

Das Problem stellt eine Umweltsituation dar, die eine Handlung erfordert. Eine Entscheidung ist immer dann möglich, wenn mehrere Handlungsalternativen existieren. Zum Treffen einer Entscheidung sollte eine Zielvorstellung existieren mit deren Hilfe die zur Verfügung stehenden Alternativen bewertet werden können. Bei der Erforschung möglicher Handlungen müssen in einem ersten Schritt Alternativen gesucht werden. Welche Alternativen gefunden werden, hängt in erster Linie vom Wissensstand und der Kreativität des Entscheiders ab[187]. Als nächstes müssen die Ergebnisse der gefundenen Alternativen prognostiziert werden. Meistens handelt es sich hierbei nicht um eine sichere Prognose, sondern um ein Wahrscheinlichkeitsurteil über mögliche Ergebnisse. Das Urteil über die Wahrscheinlichkeiten hängt u.a. vom Wissensstand des Entscheiders ab. Sind die möglichen Alternativen gefunden und hat eine Ergebnisprognose stattgefunden, erfolgt die Auswahl einer Alternative. Diese Auswahl wird oft als die eigentliche Entscheidung bezeichnet.[188]

Eine Entscheidung lässt sich nach Abbildung 3.6 modellieren:

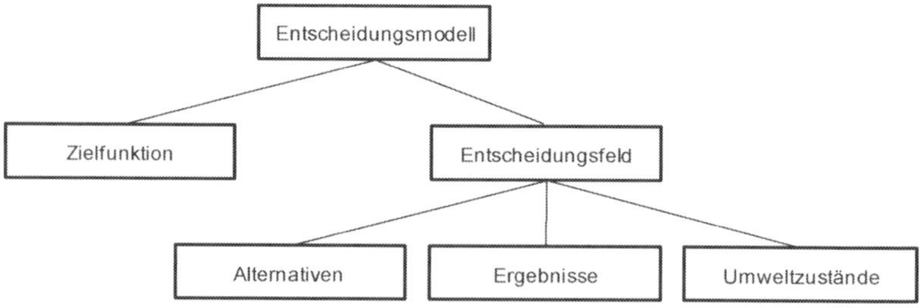

Abbildung 3.6: Struktur eines Entscheidungsmodells[189]

[186] vgl. Ebenda, S. 8.

[187] W.R. Bretzke, *Der Problembezug von Entscheidungsmodellen* (Tübingen: J.C.B. Mohr (Paul Siebeck), 1980), S. 109f.

[188] Laux, *Entscheidungstheorie*: S. 9ff.

[189] Ebenda, S. 20.

Der Mensch nutzt für die Erforschung der Handlungsalternativen meist subjektive Wahrscheinlichkeiten. Diese subjektiven Wahrscheinlichkeiten sind jedoch häufig ungenau und weichen oft beträchtlich von den objektiven Wahrscheinlichkeiten ab. Die Erfassung von Wahrscheinlichkeiten, mit denen Ereignisse in einer sehr komplexen Umwelt auftreten, ist mit Unsicherheit behaftet. Zusätzlich entziehen sich viele Ereignisse und Sachverhalte einer direkten Beobachtung, so dass nur Stichproben für eine Wahrscheinlichkeitsschätzung zur Verfügung stehen. Nicht zuletzt ist die Kapazität der menschlichen Wahrnehmung und des Gedächtnisses beschränkt, und nur ein Teil der prinzipiell vorhandenen Daten kann überhaupt fehlerfrei genutzt werden. Das Resultat sind oft vereinfachte Heuristiken oder Daumenregeln, die nur eine grobe Schätzung ermöglichen und zu entsprechenden Fehleinschätzungen führen können.[190]

3.1.6 Definition eines kognitiven Ablaufmodells

In den vorangehenden Kapiteln wurden die Grundlagen der Kognitionswissenschaft dargestellt. Hierbei handelt es sich um kognitive Prozesse, wie sie beim Menschen oder vielen anderen Lebewesen ablaufen. Sollen entsprechende kognitive Prozesse auf technische Systeme übertragen werden, muss ein kognitives Ablaufmodell definiert werden.

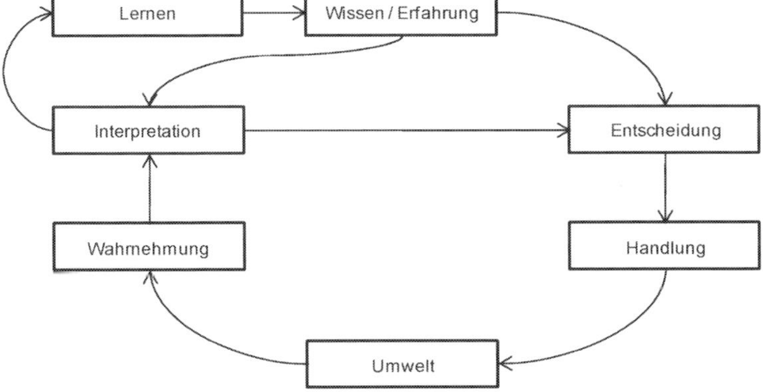

Abbildung 3.7: Kognitives Ablaufmodell

In Abbildung 3.7 ist ein kognitiver Ablauf dargestellt. Der Ablauf ist durch folgende Elemente charakterisiert:

[190] H. Plessner und K. Fiedler, "Wahrscheinlichkeitsurteil / Induktion," in *Handbuch der allgemeinen Psychologie - Kognition*, ed. J. Funke und P. Frensch (Göttingen: Hogrefe, 2006), S. 414.

- *Umwelt:* Die Umwelt, in der sich das kognitive System aktuell befindet. Sie ist durch die Menge an Informationen beschrieben, die von dem kognitiven System aufgenommen werden können bzw. die dieses System beeinflussen können.
- *Wahrnehmung:* Die rein sensorische Wahrnehmung der Umwelt durch das kognitive System. Die Wahrnehmung beinhaltet lediglich die Aufnahme physischer Signale oder Reize.
- *Interpretation:* Die inhaltliche Interpretation der wahrgenommenen Reize. Die aktuelle Umweltsituation wird „verstanden". Hierfür wird neben den Informationen aus der Wahrnehmung auch Wissen und Erfahrung benötigt.
- *Wissen / Erfahrung:* Gespeichertes Wissen in Form von deklarativem oder prozeduralem Wissen. D.h. sowohl in Form von Regeln als auch in Form von konkreten Episoden.
- *Lernen:* Der Transfer von Erlebnissen zu Wissen. Über das Lernen findet eine ständige Erweiterung und Optimierung der Wissensbasis statt.
- *Entscheidung:* Durch die Entscheidung wird die Reaktion auf die aktuelle Umweltsituation festgelegt. Diese ist sowohl von den Zielen, die das kognitive System verfolgt, als auch von der aktuellen Umweltsituation abhängig. In die Entscheidung fließen die Interpretation der aktuellen Situation und auch das Wissen bzw. die Erfahrung über Entscheidungen in identischen oder ähnlichen Situationen ein.
- *Handlung:* Die Handlung ist die Umsetzung der getroffenen Entscheidung. Dabei kann es sich um eine Informationsausgabe oder auch um eine physische Interaktion mit der Umwelt handeln. Die Handlung bewirkt eine Veränderung der Umwelt, so dass der kognitive Kreislauf erneut beginnen kann.

Ein Beispiel für einen solchen kognitiven Ablauf liefert ein Autofahrer, der auf eine Ölspur (Umwelt) zusteuert. Seine Augen nehmen die Reflexionen des Öls auf der Straße wahr und geben diese Informationen an das Gehirn weiter (Wahrnehmung). Das Gehirn gleicht das wahrgenommene Straßenbild mit vorhandenen Erfahrungen (Wissen / Erfahrung) ab. Der Fahrer erkennt, dass es sich bei den Reflexionen um eine Ölspur handelt (Interpretation). Als nächstes muss der Fahrer eine Entscheidung über das weitere Verhalten treffen. Aufgrund von theoretischem Wissen und der Interpretation der aktuellen Situation entschließt er sich keine Lenkbewegungen durchzuführen und vorsichtig das Gas zu reduzieren (Entscheidung). Diese Entscheidung wird in Form von gezielten Muskelkontraktionen umgesetzt (Handlung).

Für die folgenden Kapitel dieser Arbeit wird Kognition als Informationsverarbeitung festgelegt, die sich an dem obigen Ablaufmodell orientiert. Ein technisches System ist also genau dann kognitiv, wenn es Informationen aufnimmt, diese interpretiert und anschließend eigenständig eine Entscheidung über die Reaktion auf diese Informationen trifft. Dabei ist es für ein kognitives System zwingend notwendig, dass es in der Lage ist vorgegebene Ziele eigenständig zu verfolgen und die Fähigkeit besitzt aus gemachten Erfahrungen zu lernen. Erfüllt ein technisches System diese Voraussetzungen, findet eine Informationsverarbeitung ähnlich der des Menschen statt. Solche Systeme sind durch eine hohe Flexibilität und Wandlungsfähigkeit charakterisiert[191].

3.2 Kognitive Technologien und die Potentiale für den Einsatz in einem Produktionssystem

Als kognitive Technologie werden im Rahmen dieser Arbeit Systeme bezeichnet, die in der Lage sind Kognition technisch zu realisieren. Hierbei wird mit Kognition eine Art der Informationsverarbeitung verstanden, die versucht die Informationsverarbeitung des Menschen nachzubilden (vgl. Kapitel 3.1.6).

Die technische Realisierung kognitiver Abläufe ist mit der künstlichen Intelligenz eng verbunden[192]. Das Wissenschaftsgebiet der künstlichen Intelligenz beschäftigt sich damit, Computer zu befähigen, Aufgaben zu erfüllen, die menschliche Intelligenz erfordern[193]. Für eine exakte Definition der künstlichen Intelligenz muss diese Aussage von CAWSEY jedoch eingegrenzt werden. Klassische Aufgaben eines Computers, wie die Lösung arithmetischer mathematischer Probleme, gehören nicht zum Arbeitsgebiet der künstlichen Intelligenz. Künstliche Intelligenz kann daher wie folgt definiert werden: *„Teilgebiet der Informatik, welches versucht, menschliche Vorgehensweisen der Problemlösung auf Computern nachzubilden, um auf diesem Wege neue oder effizientere Aufgabenlösungen zu erreichen.“*[194]

Im Bereich der künstlichen Intelligenz (KI) wird zwischen der symbolverarbeitenden KI und neuronalen Netzen (Konnektionismus)[195] unterschieden. Die symbolverarbeitende KI geht von einer expliziten Wissensrepräsentation aus. Dafür werden im Allgemeinen logische Konzepte verwendet. Diese repräsentieren Objekte und Subjekte sowie deren Beziehung zueinander. Die Hauptfelder der symbolverarbeitenden KI sind die Wissensdarstellung, das Lernen sowie die Problemlösung mittels Suche.[196] Künstliche neuronale Netze sollen hierbei die Arbeitsweise des menschlichen Gehirns nachbilden. Dabei werden viele einfache Einheiten (Neuronen) miteinander vernetzt. Die Einheiten besitzen lokale Aktivierungsfunktionen und kommunizieren miteinander, so dass eine parallele Informationsverarbeitung möglich ist.[197]

Im Folgenden werden die für diese Arbeit relevanten kognitiven Technologien vorgestellt und Ihre Eignung für die Produktionsregelung diskutiert.

---

[191] G. Bernedo Schneider, *Wenn Agenten sich streiten ein Agentenmodell zur Erforschung sozialer Konflikte* (Kassel: Kassel Univ. Press, 2010), S. 87.

[192] Pospeschill, *Konnektionismus und Kognition*: S. 11f.

[193] A. Cawsey, *Künstliche Intelligenz im Klartext* (München: Pearson Studium, 2003), S. 13.

[194] U. Lämmel und J. Cleve, *Künstliche Intelligenz*, 3. (München: Hanser Verlag, 2008), S. 14.

[195] vgl. Kapitel 3.1.1

[196] Lämmel und Cleve, *Künstliche Intelligenz*: S. 15ff.

[197] Strohner, *Kognitive Systeme. Eine Einführung in die Kognitionswissenschaft*: S. 48ff.

3.2.1 Symbolverarbeitende Systeme

Symbolverarbeitende Systeme greifen zur Modellierung von Kognition auf die Computermetapher (vgl. Abbildung 3.1) zurück. Dieser Ansatz geht von der These aus, dass intelligente Systeme formale symbolverarbeitende Systeme mit festen syntaktischen Regeln sind[198]. Die Semantik wird durch den Benutzer festgelegt, in dem mit Hilfe von Symbolen das Wissen über einen bestimmten Bereich beschrieben wird. Das kognitive System kann dann auf dieser symbolischen Repräsentation arbeiten und mit festen Regeln und Algorithmen Problemlösungen durchführen. Dabei ist es Voraussetzung, dass sich das Wissen über einen bestimmten Bereich verlustfrei in die symbolische Repräsentation überführen lässt.[199]

Bei symbolverarbeitenden Systemen bildet das Wissen die Basis von Kognition. Im Einzelnen bedeutet dies

1. Das Erlangen von Wissen
2. Das Speichern von Wissen
3. Das Transformieren von Wissen
4. Das Nutzen von Wissen[200]

In Bezug auf das in Kapitel 3.1.6 definierte kognitive Ablaufmodell lässt sich das Wissen wie folgt einordnen. Wahrnehmung, Interpretation und Lernen steht für das Erlangen von Wissen. Wissen / Erfahrung für das Speichern und Transformieren von Wissen, Entscheidung und Handlung steht für das Nutzen von Wissen.

Für die technische Realisierung eines symbolverarbeitenden kognitiven Systems werden aktuell verschiedene kognitive Architekturen entwickelt. Im Folgenden werden mit Soar und ACT-R die beiden wichtigsten ihrer Art vorgestellt.

3.2.1.1 Soar

Soar stand ursprünglich für „State, Operator Apply and Result". Es ist eine kognitive Architektur auf Basis des computationalen Modells[201], die seit Beginn der 80er Jahre kontinuierlich entwickelt und verbessert wird.[202] Soar steht als freies Softwarepakt für verschiedene Betriebssysteme zur Verfügung[203].

Soar verfolgt die Philosophie, eine Situation durch einen Zustand und eine für diesen speziellen Zustand gültige Menge an möglichen Operatoren zu beschreiben. Das Netz

---

[198] A. Newell, *Unified theories of cognition* (Cambridge: Harvard University Press, 1994), S. 113ff.

[199] T. Kempf und E. Hauck, *Basics of Cognition*, Exzellenzcluster - Integrative Produktionstechnik für Hochlohnländer (Aachen: RWTH Aachen, 2007), S. 14f.

[200] M.W. Matlin, *Cognition*, 6. (Hoboken: John Wiley & Sons, 2005), S. 2.

[201] vgl. Computermetapher S. 39

[202] J.F. Lehman, J. Laird, und P. Rosenbloom, "A Gentle Introduction to Soar, an Architecture for Human Cognition," (2006).

[203] "Soar Homepage," University of Michigan, http://sitemaker.umich.edu/soar.

aus möglichen Zuständen und für diese Zustände möglichen Operatoren spannt einen Problemraum auf.[204] Das Ziel ist es, diesen Problemraum durch Regeln beschreibbar zu machen und durch die Anwendung von Operatoren einen gewünschten Zielzustand zu erreichen. Der Agent versucht dabei, die Operatoren möglichst intelligent zu wählen, so dass jeder Operator den Soar-Agenten näher an das Ziel bringt.[205] [206]

Soar verfügt über ein Gedächtnismodell (vgl. Abbildung 3.8), das an das des Menschen angelehnt ist. Es verfügt über ein Kurzzeitgedächtnis (Working Memory) und ein Langzeitgedächtnis (Long-Term Memories). Das Kurzzeitgedächtnis ist ähnlich wie ein semantisches Netz aufgebaut und verarbeitet analog zum Menschen situationsrelevantes Wissen aus verschiedenen Bereichen. Das Langzeitgedächtnis ist in ein prozedurales, ein semantisches und ein episodisches Gedächtnis aufgeteilt.

Das prozedurale Gedächtnis bildet den Kern der Soar-Gedächtnisarchitektur. In diesem Gedächtnisteil wird Wissen über Ursache-Wirkung-Zusammenhänge in Form von Produktionen abgelegt. Produktionen sind Wenn-Dann-Regeln. Diese Regeln verbinden einen Zustand im Wenn-Teil mit einer Aktion im Dann-Teil. Sie werden von Soar im Entscheidungszyklus abgearbeitet. Dieser Zyklus besteht aus drei Phasen:[207] [208]

1. *Ausarbeitung (Elaboration):* Anwendung der Regeln im prozeduralen Gedächtnis auf den aktuellen Zustand im Kurzzeitgedächtnis. Dabei können mehrere Regeln greifen und Veränderungen im aktuellen Zustand verursachen. Diese Prozedur wird so lange durchgeführt, bis keine Regel mehr greift.
2. *Entscheidung (Decision):* Aus den Regeln werden in der Ausarbeitungsphase Vorschläge und Präferenzen generiert. Diese sind verbal mit einer festen Syntax beschrieben oder weisen numerische Werte auf. Eine in die Architektur fest implementierte Entscheidungslogik wählt anhand der Vorschläge und Präferenzen einen anzuwendenden Operator aus.
3. *Anwendung (Application):* Anwendung des in der Entscheidungsphase ausgewählten Operators. Anschließend erzeugen die Produktionen im prozeduralen Gedächtnis einen neuen Zustand im Kurzzeitgedächtnis.

[204] J. E. Laird, C. B. Congdon, und K. J. Coulter, *The Soar User's Manual – Version 9.1* (University of Michigan, 2009), S. 12f.

[205] Kempf und Hauck, *Basics of Cognition*: S. 20.

[206] A. Newell, P. S. Rosenbloom, und J. E. Laird, "Symbolic Architectures for Cognition," in *Foundations of Cognitive Science*, ed. M. I. Posner (Cambridge, Massachusetts, London: MIT Press, 1990), S. 109.

[207] Kempf und Hauck, *Basics of Cognition*: S. 22.

[208] Lehman, Laird, und Rosenbloom, "A Gentle Introduction to Soar, an Architecture for Human Cognition," S. 32.

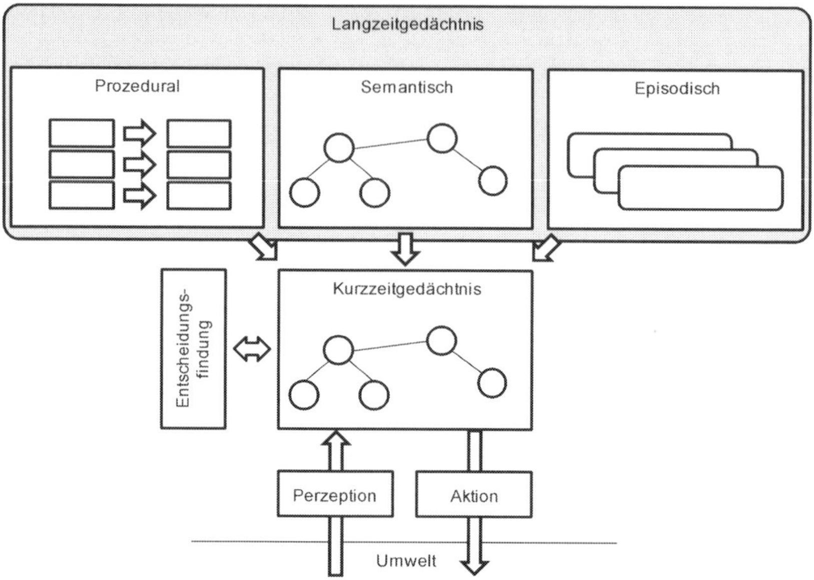

Abbildung 3.8: Soar-Gedächtnismodell[209]

Im Besitz einer vollständigen Regelbasis ist der Agent in der Lage, Probleme nur mit dem prozeduralen Gedächtnis zu lösen. Bei einer unvollständigen Regelbasis kann jedoch der Fall auftreten, dass aus den Präferenzen und Vorschlägen der Ausarbeitungsphase kein eindeutiger Operator abgeleitet werden kann. Dieser Fall wird innerhalb von Soar als Sackgasse bezeichnet. Wenn sich der Agent in einer solchen Sackgasse befindet, definiert Soar einen Unterzustand und ein Unterziel. Der alleinige Zweck des Unterziels ist das Verlassen der Sackgasse.[210] Um das Verlassen der Sackgasse zu unterstützen, verfügt Soar über ein episodisches und ein semantisches Gedächtnis. Das episodische Gedächtnis enthält konkrete Erfahrungen über das erfolgreiche Verlassen individueller Sackgassen. Dieses Wissen wird von Soar aufgrund früherer Erfahrungen angelegt. Das semantische Gedächtnis enthält hingegen Faktenwissen, das unabhängig von einzelnen Episoden ist. Es erlaubt Soar, bestimmte Klassen von Problemen „zu verstehen", bietet also generelle Lösungen an.[211]

Das differenzierte Gedächtnismodell von Soar erlaubt die Implementierung verschiedener Lernverfahren. Im oben beschrieben Verfahren zum Verlassen von Sackgassen werden nach jeder erfolgreich verlassenen Sackgasse neue Produktionen im proze-

[209] Ebenda, S. 15.

[210] J.E. Laird, P.S. Rosenbloom, und A. Newell, "Chunking in Soar: The Anatomy of a General Learning Mechanism," *Machine Learning* 1, no. 1 (1986): S. 15ff.

[211] Lehman, Laird, und Rosenbloom, "A Gentle Introduction to Soar, an Architecture for Human Cognition," S. 19ff.

duralen Gedächtnis abgelegt. Dieses Verfahren wird als chunking bezeichnet[212]. Des Weiteren erlaubt Soar den Einsatz von bestärkendem Lernen (Reinforcement Learning). Beim Reinforcement Learning lernt der Soar-Agent auf Basis von positivem oder negativem Feedback für das Erreichen bestimmter Zielzustände[213]. Die automatische Ablage von konkreten Erfahrungen wird als Episodic Learning und die Generierung von Faktenwissen als Semantic Learning bezeichnet[214].

3.2.1.2 ACT-R

ACT-R steht für „Adaptive Control of Thought – Rational" und wurde maßgeblich durch den Kognitionspsychologen John R. Anderson entwickelt[215]. Wie Soar steht auch ACT-R als freies Softwarepaket für verschiedene Betriebssysteme zur Verfügung[216].

In ACT-R wird wie in Soar der Ansatz verfolgt, Kognition als eine Menge von Regeln zu beschreiben. Die Regeln werden situationsabhängig ausgewählt und sind in der Lage, den aktuellen Zustand zu verändern, was wiederrum die Auswahl neuer Regeln bedingt.[217]

ACT-R unterscheidet zwischen prozeduralem und deklarativem Wissen. Das prozedurale Wissen liegt ähnlich wie bei Soar in Form von Produktionen vor. Das deklarative Wissen besteht aus einem Netz von atomaren Wissensblöcken (chunks). ACT-R ist wie Soar zielorientiert, zur Laufzeit werden die Ziele sequentiell durch den goal stack abgearbeitet.[218] Abbildung 3.9 zeigt den modellierten Ablauf von ACT-R.

---

[212] Laird, Rosenbloom, und Newell, "Chunking in Soar: The Anatomy of a General Learning Mechanism."

[213] N. Derbinsky et al., *Soar-RL Manual* (University of Michigan, 2008).

[214] Lehman, Laird, und Rosenbloom, "A Gentle Introduction to Soar, an Architecture for Human Cognition," S. 32.

[215] vgl. J. R. Anderson, "ACT: A Simple Theory of Complex Cognition," in *Cognitive Modeling*, ed. T. A. Polk und C. M. Seifert (Cambridge: MIT Press, 2002).

[216] "ACT-R Homepage," ACT-R Research Group, http://act-r.psy.cmu.edu/actr6/.

[217] C. Winkelholz, *Analyse, Modellierung und Simulation einer visuell-räumlichen Kognition bei der Mensch-Maschone-Interaktion* (Aachen: Shaker Verlag, 2006), S. 15.

[218] Kempf und Hauck, *Basics of Cognition*: S. 25.

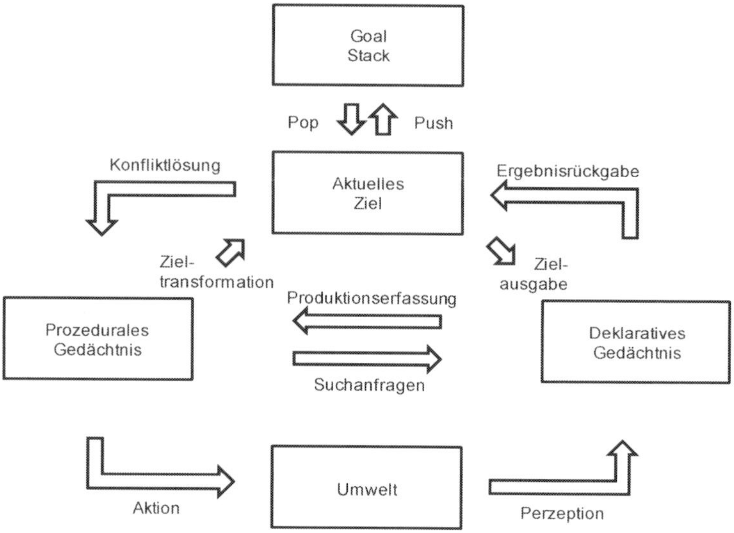

Abbildung 3.9: ACT-R Modell[219]

ACT-R unterstützt neben dem Lernen auf symbolischer Ebene zusätzlich Lernen auf subsymbolischer Ebene. Beim Lernen auf der symbolischen Ebene wird analog zum Lernen von Soar neues Wissen in Form von Chunks bzw. Produktionen angelegt. Auf der subsymbolischen Ebene werden Parameter in Form von kontinuierlichen Variablen verändert. Hierbei spielen die Stärke, die Aktivität und die Assoziationsstärke eines Chunks eine wichtige Rolle.[220]

- Die Stärke eines Chunks wächst bei jeder Benutzung und nimmt bei Nichtnutzung ab
- Die Aktivität eines Chunks setzt sich aus der Stärke und der Aktivierung zusammen. Die Aktivierung wird über assoziative Verbindungen aus dem Netzwerk erreicht. Je höher die Aktivität eines Chunks ist, desto höher ist die Wahrscheinlichkeit, dass es aus dem Gedächtnis abgerufen wird. Die Geschwindigkeit eines Abrufs steigt ebenfalls mit der Aktivität des Chunks.
- Die Assoziationsstärke zwischen zwei Chunks ist davon abhängig, wie oft ein Chunk in einem anderen Chunk enthalten ist. Wenn ein Chunk in sehr vielen anderen Chunks enthalten ist, wirkt sich dies negativ auf die Assoziationsstärke aus. Dieser Effekt wird als Flächeneffekt bezeichnet.

ACT-R ist sehr stark an die Psychologie angeleht. Ähnlichkeiten und Rauschen werden in das System einbezogen, so dass es eine bewusste Irrtumswahrscheinlichkeit erhält.

[219] "ACT-R Homepage".

[220] K.J. Holyoak und R.G. Morrison, *The Cambridge handbook of thinking and reasoning* (New York: Cambridge University Press, 2005), S. 422.

ACT-R ist bestrebt, das Verhalten des Menschen nachzubilden, wobei auch die suboptimalen Aspekte übernommen werden. Da diese Eigenschaften für ein technisches System meist weniger wünschenswert sind, sind die meisten Anwendungen von ACT-R im nichttechnischen Bereich zu finden.[221]

3.2.2 Konnektionistische Systeme

Während symbolverarbeitende Systeme wie Soar oder ACT-R von der Computermetapher der Kognition ausgehen, gehören konnektionistische Systeme zum Ansatz der Gehirnmetapher. Konnektionistische Systeme gehen dabei von einer Informationsverarbeitung über neuronale Netze aus. Dabei wird versucht, die Arbeitsweise des menschlichen Gehirns nachzubilden. Im Gehirn sind Millionen parallel zusammengeschalteter Nervenzellen trainierbar und in der Lage Steuerungsaufgaben zu übernehmen. In analoger Weise möchte man mit konnektionistischen Systemen Computerprogramme befähigen, Gelerntes auf neue Situationen anzuwenden. Das Ziel ist die Lösung von Problemen, die bisher mit dem Computer nicht lösbar waren.[222]

Zur Realisierung eines konnektionistischen Systems dienen künstliche neuronale Netzwerke (KNN). KNNs orientieren sich an dem Aufbau und der Verschaltung der Neuronen im menschlichen Gehirn.

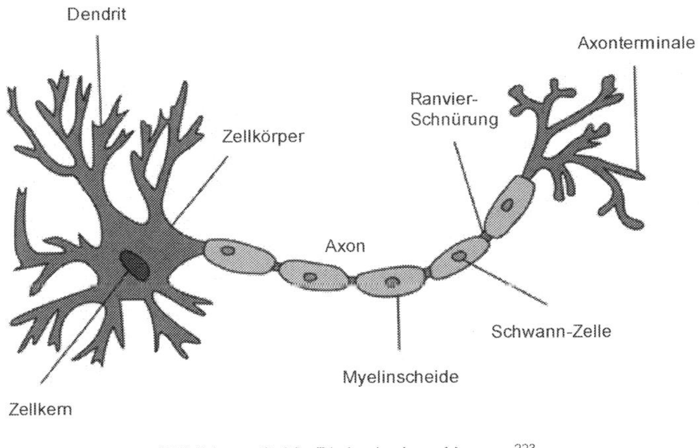

Abbildung 3.10: Biologisches Neuron[223]

[221] Kempf und Hauck, *Basics of Cognition*: S. 26.
[222] Lämmel und Cleve, *Künstliche Intelligenz*: S. 195.
[223] Bildquelle: Quasar Jarosz

Abbildung 3.10 zeigt ein biologisches Neuron. Neuronen nehmen Erregungen auf, erzeugen elektrische Signale und leiten diese weiter. Dabei werden die Erregungen über die Dendriten aufgenommen und über die Axone an das das nächste Neuron weitergeleitet. Die Übergänge zwischen Axonen und Dendriten werden als Synapsen bezeichnet. Jedes Neuron hat mehrere tausend Verbindungen zu anderen Neuronen.[224]

In KNN wird der Aufbau eines biologischen Neurons in Form von Softwareelementen nachgebildet.

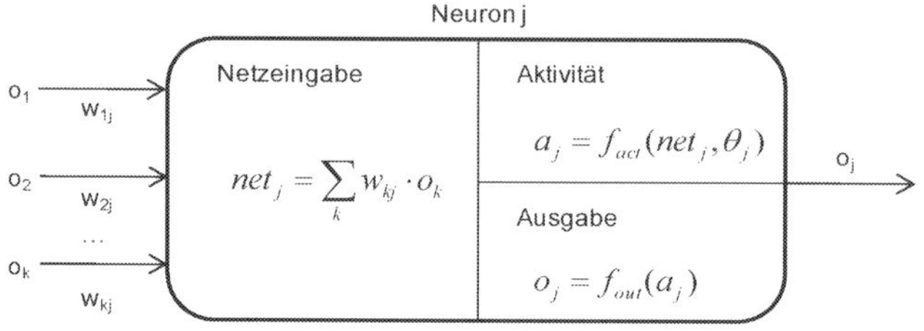

Abbildung 3.11: Künstliches Neuron[225]

Ein künstliches Neuron nach Abbildung 3.11 beinhaltet die folgenden Elemente und Funktionen:[226]

- *Eingabeinformation o_k:* Sie besteht aus den gewichteten Verbindungen w_{kj} zu anderen Neuronen bzw. zu direkten Eingabewerten aus der Umwelt.
- *Propagierungsfunktion net_j:* Verknüpft die Eingabeinformationen o_k zu einer Netzeingabe. Dabei werden die jeweiligen Eingabewerte gewichtet und zu einem Wert zusammengefasst. In den meisten Fällen handelt es sich hierbei um gewichtete Summenfunktionen[227].
- *Aktivierungsfunktion f_{act}:* Sie bestimmt in Abhängigkeit des Schwellwertes θ_j die Aktivität a_j des Neurons. Die Aktivierungsfunktion sind meist Treppenfunktionen, Rampenfunktionen, tanh oder andere sigmoide Funktionen. Jedoch sind auch lineare Funktionen möglich.[228]
- *Ausgabefunktion f_{out}:* Die Ausgabefunktion berechnet den Ausgabewert o_j des Neurons in Abhängigkeit der Aktivität a_j. Dieser Ausgabewert wird an nachfolgende Neuronen weitergeleitet. Als Ausgabefunktion kommt fast immer die Identität f(x)=x zum Einsatz[229].

---

[224] D.U. Silverthorn, *Physiologie*, 4. (München: Pearson Studium, 2009), S. 365ff.

[225] Lämmel und Cleve, *Künstliche Intelligenz*: S. 197.

[226] Ebenda.

[227] J. Huhse, *Selbstorganisiernde Evolutionsstrategien* (Berlin: Tenea Verlag, 2003), S. 10.

[228] Ebenda.

[229] Lämmel und Cleve, *Künstliche Intelligenz*: S. 199.

Ein KNN entsteht, wenn man mehrere künstliche Neuronen zu einem Netz zusammenschaltet. Dabei ist die Verknüpfung zwischen zwei Neuronen i und j durch das Verbindungsgewicht w_{ij} gekennzeichnet. Ein Netz wird demnach über die Anzahl der Neuronen, ihre Verbindungen zueinander und die jeweiligen Verbindungsgewichte charakterisiert.[230]

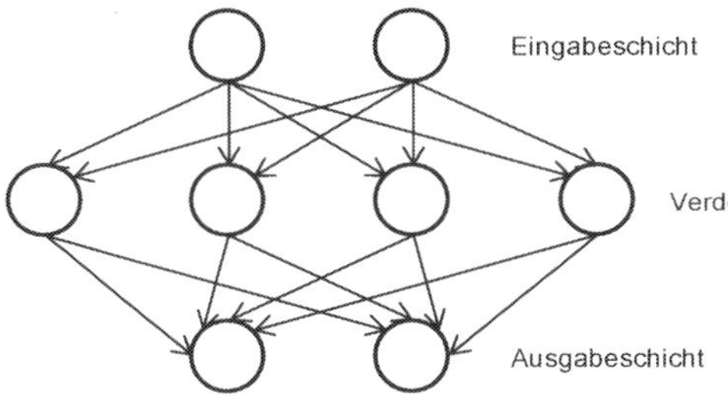

Abbildung 3.12: Künstliches neuronales Netz

KNN werden in Schichten aufgeteilt (vgl. Abbildung 3.12). In der Eingabeschicht befinden sich Neuronen, zu denen keine gerichtete Verbindung existiert. Diese Neuronen sind die Eingabeneuronen eines KNN. Analog zur Eingabeschicht existiert eine Ausgabeschicht. Die Neuronen in der Ausgabeschicht stellen mit ihren Ausgabewerten das Verarbeitungsergebnis dar. Zwischen der Eingabe- und der Ausgabeschicht können beliebig viele verdeckte Schichten installiert sein.[231] Durch das Design des Netzes, also die Anzahl und Aufteilung der verschiedenen Neuronen, kann ein KNN für verschiedene Problemstellungen ausgelegt werden. Jedoch ist zu bemerken, dass es derzeit (noch) keine allgemeine Vorschrift zur Auslegung von KNN für bestimmte Problemfälle gibt. Die optimale Netzarchitektur muss daher experimentell entwickelt werden.[232] [233]

Wenn ein Netz zur Lösung einer bestimmten Problemstellung aufgebaut werden soll, ist neben einer geeigneten Architektur eine ausreichende Zahl von Trainingsdaten notwendig. In einer Trainingsphase wird das Netz mit bekannten Kombinationen aus Eingabe- und Ausgabedaten trainiert. Mit Hilfe verschiedener Lernregeln werden die Gewichtungen im KNN so modifiziert, dass das Netz in die Lage versetzt wird, Ursache-Wirkungs-Zusammenhänge abzubilden und bei unbekannten Eingabedaten die korrekten Ausgabedaten zu berechnen. KNN sind in der Lage auch hoch nichtlineare Zusammenhänge abzubilden.

[230] Ebenda, S. 201.
[231] Ebenda, S. 201f.
[232] vgl. J.F. Walde, *Design künstlicher neuronaler Netze: Ein Leitfaden zur effizienten Handhabung mehrschichtiger Perzeptrone* (Wiesbaden: Deutscher Universitätsverlag, 2005).
[233] Lämmel und Cleve, *Künstliche Intelligenz*: S.203.

In einem trainierten Netz verhalten sich die einzelnen Neuronen wie Elemente, die bestimmte Funktionen berechnen. Diese entsprechen nicht den logischen AND und OR Operationen, die auf Werte von 0 und 1 beschränkt sind. Durch die oft sigmoiden Funktionen können reelle Werte zwischen 0 und 1 ausgegeben werden. Diese Tatsache erschwert die Interpretation der Funktionsweise eines trainierten Netzes und verwandelt es in ein black-box-Modell.[234] Die Funktion eines Netzes lässt sich demnach nicht mit bekanntem Modellwissen abgleichen oder analytisch verifizieren.

3.2.3 Potentiale für den Einsatz kognitiver Technologien in der Produktionsregelung

In Kapitel 2.4 werden die Defizite aktuell gängiger Regelungstechniken zur Ausgestaltung einer selbstoptimierenden Kaskadenregelung aufgezeigt. Zur Umsetzung einer selbstoptimierenden Produktionsregelung wird ein Optimierer und ein Prozessmodell benötigt (vgl. Kapitel 2.2.2). MPC Systeme stellen einen vielversprechenden Ansatz zur Regelung komplexer Prozesse dar, jedoch besitzen aktuelle Implementierungen nicht die nötige Flexibilität, die für die Realisierung einer selbstoptimierenden Regelung nötig ist.

Kognitive Technologien versuchen die menschliche Kognition auf technischen Systemen nachzubilden. Da die menschliche Kognition durch eine besonders hohe Flexibilität und Lernfähigkeit charakterisiert ist, bieten kognitive Technologien eine vielversprechende Möglichkeit zur Ausgestaltung einer selbstoptimierenden Produktionsregelung.

Der Optimierer in einer selbstoptimierenden Produktionsregelung ist für die Identifikation geeigneter Produktionsparameter zuständig. Dies bedeutet die Suche der Parameter in einer Menge möglicher Parameterkombinationen und die anschließende Entscheidung, den gefundenen Parametersatz anzuwenden. Symbolverarbeitende Systeme sind in der Lage, Lösungen in einem Problemraum zu finden. Der Problemraum wird durch Regeln aufgespannt. Wenn diese Regeln den Produktionsprozess beschreiben, ist es vorstellbar, ein symbolverarbeitendes System einzusetzen, um situationsabhängig geeignete Produktionsparameter zu identifizieren. Gegenüber klassischen Optimierern verfügt ein kognitives, symbolverarbeitendes System über eine inhärente Lernfähigkeit. Gelingt es, diese Lernfähigkeit auf regelungstechnische Probleme anzuwenden, so könnte ein solcher Optimierer über die notwendige Flexibilität für eine selbstoptimierende Produktionsregelung verfügen.

Das Prozessmodell muss in der Lage sein, Abschnitte eines Produktionsprozesses zu simulieren und so die Auswirkung einzelner Stellgrößen auf die Regelgröße vorauszusagen. Konnektionistische Systeme sind in der Lage, auch stark nichtlineare Zusammenhänge abzubilden. Des Weiteren können diese Systeme erstellt und angelernt werden, ohne dass ein analytisches Prozessmodell vorliegen muss. Durch die Lernfä-

---

[234] R. Rojas, *Theorie der neuronalen Netze: Eine systematische Einführung* (Berlin: Springer, 1993), S. 225.

higkeit ist es vorstellbar, dass sich konnektionistische Systeme eigenständig und stetig an Veränderungen im Produktionsprozess anpassen können.

Der Einsatz von kognitiven Technologien in der Produktionsregelung ist demnach denkbar. Mit symbolverarbeitenden und konnektionistischen Systemen stehen zwei verschiedene Technologien zur Verfügung, mit denen sich ein selbstoptimierender Regler, bestehend aus einem Optimierer und einem Prozessmodell (Prädiktor), realisieren lassen könnte. Dabei könnten kognitive Technologien durch die inhärente Lernfähigkeit ein Enabler zur Realisierung von Selbstoptimierung in der Produktionsregelung sein. Im folgenden Kapitel werden konkrete Forderungen an die jeweiligen Technologien aufgestellt und anschließend die im Rahmen dieser Arbeit zu beantwortende Forschungsfrage konkretisiert.

3.3 Forderungen an kognitive Technologien für den Einsatz in einem Produktionssystem

3.3.1 Forderungen an kognitive Technologien als Optimierer

Wird ein kognitives System als Optimierer im Rahmen einer Produktionsregelung eingesetzt, dann ist dieser für die Entscheidung der anzuwendenden Produktionsparameter verantwortlich. Um eine Entscheidung durchführen zu können, muss der Optimierer situationsabhängig die idealen Stellgrößen identifizieren. Bei dieser Identifikation handelt es sich um eine Suche in einem Problemraum, der durch die möglichen Produktionsparameter bzw. aller möglichen Parameterkombinationen aufgespannt wird.

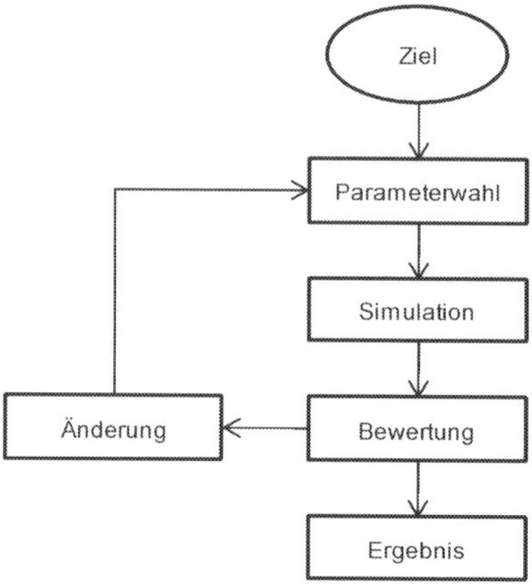

Abbildung 3.13: Ablauf einer Optimierung[235]

In Abbildung 3.13 ist der Ablauf einer entsprechenden Optimierung graphisch dargestellt. Der erste Schritt ist die Wahl eines anzuwendenden Satzes an Produktionsparametern. Auf Basis der gewählten Parameter wird eine Simulation mit Hilfe eines Prozessmodells durchgeführt. Die Ergebnisse der Simulation müssen durch den Optimierer mit dem Ziel verglichen und bewertet werden. Sind die Ergebnisse zielkonform, können sie verwendet werden und bilden das Ergebnis der Optimierung. Wenn das vorgegebene Ziel nicht erreicht wird, muss der Optimierer die Parameter entsprechend abändern, wodurch eine neue Parameterwahl entsteht und der Optimierungszyklus erneut beginnt.

Anhand dieses Zyklus lassen sich die Forderungen an einen kognitiven Optimierer in der Produktionsregelung ableiten. Seine Aufgabe ist es, möglichst schnell eine geeignete Parameterkombination zu finden. Die Schlüsselstelle hierfür ist die Parameterwahl. Der Optimierer sollte mit möglichst wenig Versuchen eine geeignete Auswahl treffen. Um dies zu ermöglichen, sollte das kognitive System die Möglichkeit bieten, Expertenwissen in die Entscheidungsfindung der Parameterwahl zu integrieren. Expertenwissen ist Wissen über bestimmte Zusammenhänge im Produktionsprozess, das es ermöglicht, den Parameterraum vor der eigentlichen Suche einzugrenzen. Bspw. existiert oft ein qualitatives Systemverständnis, mit dem zumindest die Richtung der Suche vorab festgelegt werden kann. Des Weiteren sollte das kognitive System in der Lage sein, aus vorangegangenen Entscheidungen zu lernen und dieses gelernte Wissen bei zukünftigen Entscheidungen zu berücksichtigen. Das gelernte Wissen berücksichtigt der Optimierer nicht nur in identischen Ausgangssituationen, sondern idealerweise ist er auch in der Lage gelerntes Wissen auf ähnliche Situationen zu übertragen.

---

[235] vgl. Posielek, *Einsatz kombinatorischer Optimierungsmethoden bei automatischer Optimierung von Umformprozessen*, 125: S. 15.

Ferner muss ein kognitiver Optimierer, der mit einer Lernfähigkeit ausgestattet ist, auch in der Lage sein, auf Veränderungen des zu optimierenden Prozesses flexibel zu reagieren. Solche Veränderungen können bspw. Lieferantenwechsel, Chargenwechsel oder auch Personalwechsel sowie technische Änderungen am Prozess oder den Produktionsmaschinen sein. Der Optimierer muss diese Veränderungen erkennen und darf sich bei einer erkannten Veränderung weniger auf das ursprünglich gelernte Wissen verlassen als neue Möglichkeiten zu evaluieren.

Idealerweise ist das vom kognitiven System gelernte Wissen extrahierbar, so dass durch das vom kognitiven System erlernte Wissen das Verständnis des Produktionsprozesses erhöht werden kann.

Daher sollte ein kognitiver Optimierer einen modularen Aufbau besitzen und über standardisierte Schnittstellen kommunizieren. Der modulare Aufbau ermöglicht es, ein entsprechendes System auf verschiedene Prozesse zu übertragen und dabei möglichst viele Synergien nutzen zu können. Durch den Einsatz standardisierter Schnittstellen wird eine Integration in bereits bestehende Strukturen vereinfacht.

3.3.2 Forderungen an kognitive Technologien als Prozessmodell

Ein Prozessmodell kann prinzipiell als analytisches oder als black-box-Modell vorliegen. Ist ein Produktionsprozess in seinen Zusammenhängen aus Produktionsparametern und den Auswirkungen auf das zu fertigende Produkt vollständig bekannt, so kann ein analytisches Prozessmodell erstellt werden. Auf dieser Art von Modell kann mit konventioneller Regelungstechnik geregelt werden, so dass keine kognitiven Technologien benötigt werden. Häufig sind jedoch die Zusammenhänge in einem Produktionsprozess nicht vollständig bekannt und mathematisch beschreibbar, so dass auf ein black-box-Modell zurückgegriffen werden muss. Als black-box-Modelle sind im Rahmen dieser Arbeit Modelle bezeichnet, die nur vorwärtsgerichtet abgefragt werden können. Ein black-box-Modell eines Produktionsprozesses ist in der Lage das Prozessergebnis anhand der Produktionsparameter vorauszusagen, jedoch nicht in der Lage notwendige Prozessparameter anhand eines geforderten Ergebnisses abzuleiten.

Simulationen wie bspw. die Finite-Elemente-Methode[236] stellen ein entsprechend vorwärtsgerichtetes Modell dar.

Bei jedem Modell sind die beiden elementaren Forderungen die Modellgüte und die Modellperformance. Mit der Modellgüte ist die Genauigkeit der Vorhersage bezeichnet. Idealerweise liegt die Abweichung zwischen der Vorhersage des Modells und dem real erreichten Prozessergebnis im nicht messbaren Bereich. Für einen sinnvollen Einsatz in einer Produktionsregelung muss die Abweichung innerhalb der für das Produkt relevanten Toleranzen liegen. Dabei ist es wichtig, dass das Modell über den gesamten vorkommenden Wertebereich eine entsprechende Genauigkeit besitzt. Viele Modelle

[236] vgl. K.-J. Bathe, *Finite-Elemente-Methoden* (Berlin: Springer, 2002).

sind Linearisierungen, die nur in unmittelbarer Nähe eines Arbeitspunktes zufriedenstellende Resultate produzieren[237]. Die Modellperformance bezeichnet die Geschwindigkeit, mit der ein Modell nach einer Abfrage ein Ergebnis liefert. Die Performance eines Modells ist besonders in Kombination mit einem Optimierer von Bedeutung. Der Optimierer benötigt u.U. eine hohe Anzahl von Versuchen, bis er ein zufriedenstellendes Ergebnis gefunden hat. Müssen diese Abfragen im Produktionstakt stattfinden, stellt das hohe Ansprüche an die Performance des Prozessmodells.

Zur Modellierung von Prozessen, für die kein Modellwissen existiert, muss das System in der Lage sein, eigenständig anhand von Trainingsdaten zu lernen und so in die Lage versetzt werden, die Zusammenhänge zwischen Produktionsparametern und dem Produktionsergebnis abzubilden. Dabei ist es vorteilhaft, wenn eine möglichst geringe Anzahl von Trainingsdaten notwendig ist, so dass das Modell in möglichst kurzer Zeit einsatzbereit ist.

Für die Realisierung eines selbstoptimierenden Systems muss das Prozessmodell wie auch der Optimierer über eine hohe Flexibilität verfügen. Das Modell muss in der Lage sein, sich dauerhaft an den realen Prozess anzugleichen und so auf Drifts oder Änderungen bzw. Abweichungen im Prozess zu reagieren. Idealerweise erfolgt eine automatische, dauerhafte Anpassung an den zu modellierenden Prozess.

3.4 Industrieeller Einsatz kognitiver Technologien

Neben dieser Arbeit werden im Exzellenzcluster „Integrative Produktionstechnik für Hochlohnländer" der RWTH Aachen weitere Projekte zum Einsatz von Selbstoptimierung und Kognition in der Produktionstechnik durchgeführt. Die „Modellbasierte Selbstoptimierung für Fertigungssysteme" liefert Methoden und Strategien zur sicheren Führung hochkomplexer und hochdynamischer Fertigungsprozesse. Das Projekt fokussiert auf die Entwicklung und Qualifizierung von kognitiven Einheiten zur Bestimmung des Arbeitspunktes und auf die Verwendung reduzierter Modelle zur Vorhersage der Produktqualität.[238] In einem weiteren Projekt werden kognitive Technologien eingesetzt, um die Montage eines Micro-Slab-Lasers durch Agenten eigenständig planen zu lassen.[239] Zusätzlich wird im Bereich der Montage mit der „Cognitive Control Unit (CCU)" eine auf der kognitiven Architektur Soar basierende Planungs- und Steue-

---

[237] vgl. E. Hering und H.-P. Bürkle, *Taschenbuch der Mechatronik* (München: Fachbuchverlag Leipzig im Carl-Hanser-Verlag, 2005), S. 50ff.

[238] vgl. T. Gries et al., "Der Weg zu Selbstoptimierenden Fertigungstechnologien," in *Integrative Produktionstechnik für Hochlohnländer*, ed. C. Brecher (Heidelberg Dordrecht London New York: Springer, 2011).

[239] vgl. C. Brecher et al., "Integratives Produkt- und Prozessdesign für die selbst-optimierende Montage," in *Integrative Produktionstechnik für Hochlohnländer*, ed. C. Brecher (Heidelberg Dordrecht London New York: Springer, 2011).

rungseinheit entwickelt. Sie ist in der Lage, Montageprozesse situationsabhängig und flexibel durchzuführen.[240]

Der Sonderforschungsbereich „Selbstoptimierende Systeme des Maschinenbaus“[241] als Urheber der Selbstoptimierung konzentriert sich zwar auf mechatronische Systeme, also primär die Produktseite, bietet allerdings u.a. Vorgehensmodelle, Entwurfsmethoden und -werkzeuge sowie Praktiken an, deren Einsatz auch in einer Produktion denkbar sind. So werden ebenfalls verschiedene Methoden der Datenanalyse, eine kognitive Architektur mit einem „Vorausschau-Algorithmus“, der ähnlich einem integrierten Modell des zu regelnden Systems mögliche zukünftige Zustände berücksichtigt sowie verschiedene Ansätze der Modellierung und Entscheidungsfindung verwendet. Es wird unterschieden in „Numerische Verfahren auf Grundlage von a priori definierten Modellen des physikalischen Systemverhaltens“ sowie „Lern- und Planungsverfahren auf Grundlage einer black-box Beschreibung des Systemverhaltens, das teilweise mithilfe gesammelter Erfahrung aufgebaut wird“.

MONOSTORI schlägt vor, den „Comlex Adaptive Systems (CAS)“[242] Ansatz von HOLLAND im Bereich der Produktionsregelung einzusetzen. Er formuliert ein Multi-Agenten-System, das mit Hilfe von kognitiven Lernstrategien regelungstechnische Probleme lösen soll. Dieses System ist jedoch aufgrund des „Fluchs der Dimensionalität“[243] nur in der Lage, einfache Probleme zu bearbeiten.[244]

Der Sonderforschungsbereich „Autonome Produktionszellen“[245] sowie weitere Ansätze[246] [247] bedienten sich einer Integration von Prozessmodellen in der Maschinensteuerung und installierten darauf aufbauend eine modellbasierte Maschinenführung und -überwachung. Hierzu wurden unter anderem künstliche neuronale Netze eingesetzt. Komplexe Bearbeitungsprozesse sollten längere Zeiträume störungsresistent und ressourcenoptimal ausgeführt werden können. Autonome Produktionszellen ermöglichen jedoch keine selbstoptimierende Produktion, da sie u. a. nicht über eine autonome Zielanpassung bzw. Entscheidungsfindung verfügen.

---

[240] vgl. C. Brecher et al., "Selbst-optimierende Montagesysteme auf Basis kognitiver Technologien," in *Integrative Produktionstechnik für Hochlohnländer*, ed. C. Brecher (Heidelberg Dordrecht London New York: Springer, 2011).

[241] vgl. J. Gausemeier, F.J. Ramming, und W. Schäfer, "Selbstoptimierung im Maschinenbau - Auf dem Weg zu den Maschinen von übermorgen," *Forschungsforum Paderborn 10(1)* (2006).

[242] J.H. Holland, *Complex Adaptive Systems* (Boston: Daedalus, 1992), S. 17ff.

[243] vgl. R.E. Bellman, *Adaptive Control Processes* (Princeton: Princeton University Press, 1961).

[244] L. Monostori und B.C. Csáji, "Complex Adaptive Systems (CAS) Approach to Production Systems and Organisations" (paper presented at the The 41st CIRP Conference on Manufacturing Systems, Tokio, 2008), S. 19ff.

[245] vgl. Pfeifer und Schmitt, *Autonome Produktionszellen, Komplexe Produktionsprozesse flexibel automatisieren*.

[246] vgl. Brecher und Possel-Dölken, "Modellierung flexibler Fertigungssysteme."

[247] vgl. C. Brecher, G. Schauerte, und M. Merz, "Model based control of a piezo-actuated axis" (paper presented at the The 41st CIRP Conference on Manufacturing Systems, Tokio, 2008), S. 416ff.

Die Betrachtung umfassender Einflüsse bei der Auswertung und Entscheidungsfindung erfordert einen neuen Ansatz, dem ONKEN und SCHULTE mit dem Konzept einer „kognitiven Automatisierung" Rechnung tragen. Dieses Konzept findet Anwendung z. B. in der Führung unbemannter Fahrzeuge sowie in der Steuerung von virtuellen Flugzeugen in Flugsimulatoren[248], was zwar mit der einer automatisierten Produktion in Teilaspekten vergleichbar, aber nur bedingt übertragbar ist.[249]

Mit der „Kognitiven Fabrik"[250] der Technischen Universität München existieren Ansätze in der Forschung, kognitive Mechanismen in Fertigungssystemen einzusetzen. In der kognitiven Fabrik sind alle Abschnitte des Produktionsprozesses mittels EDV (z.B. über Auto-ID-Systeme wie RFID) verbunden, und der Informationsfluss ist durchgängig von den Kundenanforderungen bis zum ausgelieferten Produkt realisiert, sodass eine Kommunikation von Bauteil zur Produktionsmaschine stattfinden kann. Zentrale Arbeitsfelder der kognitiven Fabrik sind:

- *Intelligentes Design*: Das CAD-System verfügt über Wissen bzgl. der Fähigkeiten des verwendeten Produktionssystems. So werden lange Schleifen in der Design-Phase und die Notwendigkeit nur selten verwendeter Maschinen vermieden.
- *Künstliche Kognition in der Montageablaufplanung*: Produktionssysteme werden mit einer eigenen Planungsfähigkeit ausgestattet. So können auch neue Abarbeitungsreihenfolgen generiert und bewertet werden.
- *Kognitive Assistenzsysteme in der Montage*: Kognitive Assistenzsysteme erlauben eine flexible Anpassung der Montageroboter an den Werker. Durch sie können Werker und Roboter flexibel interagieren. Der Roboter erfasst den Status des Werkers und passt seine Arbeitsschritte entsprechend an.

Die einzelnen Module der kognitiven Fabrik sind mit kognitiven technischen Systemen ausgestattet. Diese bestehen aus Sensoren und Aktuatoren zur Interaktion mit der Umwelt sowie Techniken zur Umsetzung von Wahrnehmung, Interpretation, Lernen und Planung. Das Ziel ist es, technische Systeme so zu gestalten, dass „sie wissen was sie tun".

Auch das Technion (Israel Institute of Technology) befasst sich mit der automatisierten Planung von Montageabläufen mit Hilfe kognitiver Technologien. Die Entscheidungen zur Montageplanung basieren auf einem ganzheitlichen Modell des Montageprozesses, das sowohl technologische als auch wirtschaftliche Aspekte berücksichtigt.[251]

---

[248] vgl. R.M. Jones et al., "Automated intelligent pilots for combat flight simulation," *AI Mag* 20(1999): S. 27ff.

[249] vgl. R. Onken und A. Schulte, *System ergonomic design of automation. Dual-mode cognitive design of vehicle guidance and control work systems* (Berlin: Springer, 2010).

[250] vgl. M. F. Zäh et al., "Towards the Cognitive Factory," in *CARV 2007: 2nd International Conference on Changeable, Agile, Reconfigurable and Virtual Production* (2007).

[251] vgl. B. Denkena und M. Shpitalni, "Knowledge management in process planning" (paper presented at the CIRP annals: manufacturing technology, 2007), S. 175ff.

Das Fraunhofer-Institut für Optronik, Systemtechnik und Bildauswertung IOSB hat mit ProDaMi ein Datamining-Werkzeug zur Entscheidungsunterstützung im Produktionsumfeld entwickelt. Lernfähige Datamining-Algorithmen erlauben eine intelligente Auswertung von Produktions- und Anlagendaten. Das Ziel liegt in der Generierung von entscheidungsfähigem Wissen.[252] Das Projekt ermöglicht die Erkennung von komplexen Zusammenhängen in Produktionsprozessen, jedoch keine Modellierung des Systems und ist nicht in der Lage, eigenständig Entscheidungen zu treffen.

MÖNCH beschreibt ein Multi-Agenten-System zur Produktionssteuerung, das auf Methoden der künstlichen Intelligenz und des Operation Research basiert. Es werden sowohl Such- und Lernverfahren als auch künstliche neuronale Netze zur Modellierung eingesetzt. Der Ansatz zielt auf eine Optimierung der operationellen und logistischen Abläufe und nicht auf eine Regelung von Produktionsprozessen.[253]

Eine ähnliche Zielsetzung verfolgt MEYER mit der modellbasierten Mehrzieloptimierung verfahrenstechnischer Produktionsprozesse. Wie MÖNCH fokussiert er auf eine Optimierung der Planung und Organisation der Produktionsprozesse. Dabei berücksichtigt er komplexe Randbedingungen und Gütefunktionen. In seinem Ansatz kombiniert MEYER künstliche neuronale Netze mit Fuzzy-Logic und evolutionärer Optimierungstechnik.[254]

Auch HAMANN kombiniert ein KNN Modell mit einer Optimierung zur intelligenten und lernfähigen Regelung der Produktionslogistik. In seinem Ansatz bezieht sich die Lernfähigkeit auf die künstlichen neuronalen Netze. Für die zugrundeliegende Optimierung werden heuristische Verfahren eingesetzt.[255]

Fuzzy-Logic kann mit künstlichen neuronalen Netzen sogenannten Neuro-Fuzzy-Systemen kombiniert werden. Damit wird die Wissensrepräsentation der Fuzzy-Logic mit der Lernfähigkeit von KNN kombiniert. RAABE beschreibt bspw. ein solches System für die Optimierung von funkenerosivem Senken.[256]

SCHMIDBERGER und NEHER haben mit NEPRES II ein neuronales Prozessregelungssystem entwickelt, das in der Lage ist mit Methoden der Signalverarbeitung und Modellbildung von Prozess- auf Qualitätsschwankungen zu schließen. Das System wurde exemplarisch im Kunststoffspritzgießen angewendet. Durch den Einsatz lernfähiger KNN kann durch Produktionsparameter ohne zusätzliche Prüfung auf die Qualität der

---

[252] vgl. C. Kühnert et al., *Optimierung der Prozessführung komplexer verfahrenstechnischer Prozesse mit Support Vector Machines* (Karlsruhe: Fraunhofer IITB, 2009).

[253] vgl. L. Mönch, *Agentenbasierte Produktionssteuerung komplexer Produktionssysteme* (Wiesbaden: Deutscher Universitäts-Verlag, 2006).

[254] vgl. D. Meyer, "Modellbasierte Mehrzieloptimierung verfahrenstechnischer Produktionsprozesse mit Neuronalen Netzen und Evolutionsstrategien," in *Computational Intelligence im industriellen Einsatz*, ed. Verein Deutscher Ingenieure, *VDI Berichte 1526* (Düsseldorf: VDI Verlag, 2000).

[255] vgl. Hamann, *Lernfähige intelligente Produktionsregelung*.

[256] vgl. Raabe, *Prozeßoptiemierung für das funkenerosive Senken mit Neuro-Fuzzy-Control*, 30.

produzierten Bauteile geschlossen werden. Das System erkennt so eigenständig ohne zusätzliche Messtechnik fehlerhafte Teile und ist in der Lage, diese auszusortieren.[257]

Einen Ansatz, der nicht direkt kognitiv ist, jedoch trotzdem Erwähnung finden sollte, verfolgen SCHMIDT und HEINICKE. Sie kombinieren Simulationen mit genetischen Algorithmen[258] um Optimierungsprobleme in der Produktionsplanung und Steuerung zu lösen.[259]

3.5 Zwischenfazit und Konkretisierung der Forschungsfrage

Die Regelung komplexer Produktionsprozesse stellt eine wachsende Herausforderung für die moderne Produktionstechnik dar. Die stetige Erhöhung der Produktkomplexität bei gleichzeitig steigender Variantenvielfalt bedarf einer hochflexiblen und autonomen Produktionsregelung.

Aufgrund der häufig vielschichtigen und nichtlinearen Ursache-Wirkungs-Zusammenhänge in modernen Produktionsprozessen ist eine analytische Modellierung dieser Prozesse in den meisten Fällen nicht möglich. Durch das Fehlen eines analytischen Prozessmodells sind klassische Regelungskonzepte wie PID-Regler zur Regelung der Produktqualität meist nicht einsetzbar. Moderne Verfahren, wie modellbasierte prädiktive Regelung, bieten einen Ansatz zur Regelung auch komplexer Prozesse, für die zwar kein analytisches Modell, jedoch eine vorwärtsgerichtete Simulation vorhanden ist. Für einen weiten industriellen Einsatz dieser Verfahren mangelt es allerdings an der notwendigen Flexibilität und Autonomie. Eine Implementierung ist sehr aufwändig und muss bei Veränderungen im zu regelnden Prozess entsprechend angepasst werden. Es bedarf intelligenten, selbstoptimierenden Reglern, die in der Lage sind, sich eigenständig an variable Rahmenbedingungen zu adaptieren.

Kognitive Technologien versuchen die menschliche Informationsverarbeitung technisch nachzubilden. Diese ist durch ein Höchstmaß an Autonomie, Flexibilität und Lernfähigkeit charakterisiert. Kognitive Technologien sind daher ein vielversprechendes Werkzeug zur Realisierung einer flexiblen Regelung für komplexe Produktionsprozesse. Dabei ist ein Einsatz sowohl im Bereich der Prozessmodellierung als auch als im Bereich der Optimierung denkbar. Aktuell existieren erste Ansätze zur Implementierung kognitiver Technologien im Bereich der Produktionstechnik. Die Ansätze zielen jedoch meist auf die logistische und nicht auf die technische Regelung der Produktionsprozesse. Sie verfügen nur über eine abschnittsweise Implementierung von kognitiven Tech-

[257] vgl. E. Schmidberger und J. Neher, "Machbar: fehlerfreie Produktion," *Qualität und Zuverlässigkeit* 49, no. 2 (2004).

[258] Genetische Algorithmen sind nicht kognitiv, jedoch sind sie ähnlich wie kognitive Systeme in der Lage, aus erzielten Ergebnissen in der Vergangenheit zu lernen und dementsprechend ihr zukünftiges Verhalten anzupassen.

[259] vgl. P.-M. Schmidt und M. Heinicke, "Genetische Algorithmen im industriellen Einsatz," in *Computational Intelligence im industriellen Einsatz*, ed. Verein Deutscher Ingenieure, *VDI Berichte 1526* (Düsseldorf: VDI Verlag, 2000).

nologien, so dass sie nicht die Flexibilität besitzen, die für eine effiziente Produktionsregelung benötigt wird.

Um den o.g. Defiziten zu begegnen wird im Rahmen dieser Arbeit ein ganzheitliches Konzept zur Regelung von Produktionsprozessen mit Hilfe kognitiver Technologien entwickelt. Das Konzept wird im Folgenden als „Cognitive Tolerance Matching“ (CTM) bezeichnet.

Neben der Entwicklung des Gesamtkonzeptes wird ein besonderer Schwerpunkt im Bereich Optimierung bzw. Entscheidungsfindung gesetzt.[260]

Die in Kapitel 1.3 aufgestellte Forschungsfrage

> *Können komplexe Produktionsprozesse mit einer Vielzahl inhärenter Abhängigkeiten mit Hilfe von kognitiven Technologien effektiv und effizient geregelt werden?*

muss entsprechend konkretisiert werden. Um die Forschungsfrage zu beantworten, werden im Folgenden kognitive Technologien zur Optimierung und Entscheidungsfindung implementiert und evaluiert. Die Modellierung der zu regelnden Prozesse wird als black-box betrachtet. Da das entwickelte Konzept jedoch aus einer engen Interaktion von kognitiver Optimierung und Modellierung besteht, wird für das ganzheitliche Verständnis zusätzlich eine kurze Beschreibung der im Bereich Modellierung verwendeten Technologien und deren Schnittstellen zum Gesamtsystem gegeben.

[260] Für eine detaillierte Abhandlung der Prozessmodellierung muss auf andere Arbeiten verweisen werden, die im Rahmen des Projektes entstanden sind.

4 Cognitive Tolerance Matching (CTM) als Konzept zur flexiblen Regelung von Produktionsprozessen mit einer Vielzahl inhärenter Abhängigkeiten

Im Rahmen dieser Arbeit wird Cognitive Tolerance Matching (CTM), ein Konzept zur Regelung komplexer Produktionsprozesse entwickelt. Zu Beginn dieses Kapitels werden die notwendigen Rahmenbedingungen für einen Einsatz des erarbeiteten Konzeptes erläutert. Es folgt eine Darstellung der Idee und Architektur von CTM und des Ablaufs einer Regelung mit CTM. Abgeschlossen wird dieses Kapitel mit einer Beschreibung der einzelnen in der CTM-Architektur verwendeten Module.

4.1 Rahmenbedingungen für den Einsatz von Cognitive Tolerance Matching

Das Ziel von CTM ist, ein System zur flexiblen Regelung komplexer Produktionsprozesse zu schaffen. Mit CTM soll die Idee der Selbstoptimierung praktisch implementiert werden. Zur Realisierung der Selbstoptimierung werden kognitive Technologien eingesetzt. Der Hauptvorteil kognitiver Technologien ist die inhärente Lernfähigkeit. Um diese Lernfähigkeit effektiv nutzen zu können, muss das CTM-System in der Lage sein, eine ausreichende Menge an Trainingsdaten aufzunehmen und zu interpretieren. Diese notwendige Größe an Trainingsdaten reduziert die Einsatzmöglichkeit auf Serienprozesse mit einer relativ hohen Zahl zu fertigender Produkte. Eine klassische Einzel- oder Prototypenfertigung ist aufgrund fehlender Wiederholbarkeit für den Einsatz eines solchen kognitiven Systems nicht geeignet.

Ein produzierendes Unternehmen lässt sich in verschiedene Ebenen mit verschiedenen Regelkreisimplementierungen einteilen[261].

[261] vgl. hierzu auch Abbildung 2.1

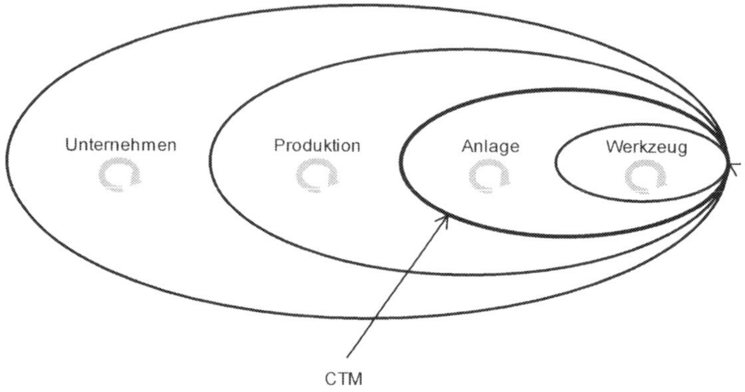

Abbildung 4.1: Positionierung von CTM innerhalb unternehmerischer Regelkreise[262]

In Abbildung 4.1 sind die verschiedenen Regelkreisebenen in einer Kaskade visualisiert. Das Einsatzgebiet von CTM ist eine Produktionsregelung auf Anlagenebene. Die Stellgrößen der CTM-Regelung sind demnach die Maschinenparameter der zu regelnden Anlage.

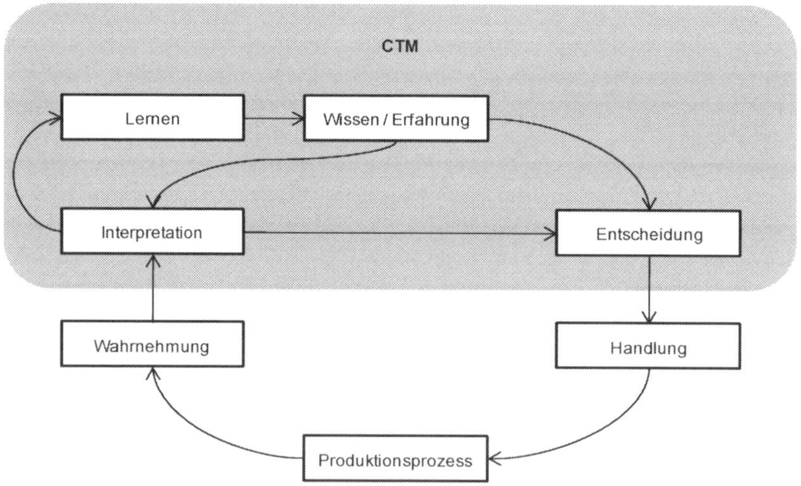

Abbildung 4.2: CTM Interaktion mit dem Produktionsprozess[263]

CTM soll als kognitives System auf dem Produktionsprozess arbeiten. Abbildung 4.2 visualisiert diese Interaktion. Der Produktionsprozess stellt die Umwelt für das kognitive

[262] Bildquelle: Patrick Beaujean

[263] vgl. hierzu das kognitive Ablaufmodell in Kapitel 3.1.6

System dar. Um diese Umwelt zu erfassen, muss eine Wahrnehmungsschicht zwischen dem Produktionsprozess und dem CTM-System vorhanden sein. In der Praxis ist diese durch Sensorik bzw. Messtechnik repräsentiert. Die eigentliche kognitive Informationsverarbeitung findet innerhalb des CTM-Systems statt. Das Ergebnis der Informationsverarbeitung innerhalb von CTM sind eine oder mehrere Stellgrößen, die durch die Handlungsschicht auf den zu regelnden Produktionsprozess angewendet werden müssen. Dies kann entweder automatisiert oder manuell durch einen Maschinenbediener erfolgen.

Da CTM ein selbstoptimierendes Regelungskonzept verfolgt, ist die Regelgröße nicht ein spezieller Messwert, sondern die funktionsorientierte Qualität des zu fertigenden Produktes. Die Regelung mit CTM soll in der Lage sein, funktionelle Probleme, die sich aus Abweichungen vorangegangener Prozessschritte ergeben, zu kompensieren. Demnach ist es sinnvoll, die CTM-Regelung möglichst am Ende eines Produktionsprozesses zu implementieren.

Bei einer klassischen Regelung werden einzelne Größen wie bspw. ein Durchmesser einer zu fertigenden Welle auf ein bestimmtes Maß geregelt. Den Eingang des Reglers bildet die Differenz aus der Führungsgröße (dem Sollwert) und der Regelgröße (dem aktuellen Ist-Wert).[264] Bei dem Einsatz von CTM kann der Zusammenhang zwischen Führungsgröße, Regelgröße und Stellwert ungleich komplexer sein. Wird bei einer Regelung die ordnungsgemäße Funktion eines Bauteils als Führungsgröße festgelegt, so sind die Stell- und Regelgrößen nicht zwangsweise bekannt. Vor der Implementierung von CTM müssen diese Größen demnach erst identifiziert werden. Bei komplexen Produktionsprozessen existiert häufig eine Vielzahl möglicher Einflussgrößen auf ein zu regelndes Produktmerkmal. Für eine effektive Regelung muss sichergestellt sein, dass das kognitive System alle relevanten Größen aufnehmen und auswerten kann. Ist der genaue Einfluss einzelner Größen nicht bekannt, so müssen dem kognitiven System alle Größen zur Verfügung gestellt werden, die einen Einfluss auf das zu regelnde Merkmal haben könnten. Jedoch steigt mit zunehmender Anzahl zu verarbeitender Größen der Rechenaufwand für das kognitive System in exponentieller Weise an. Dieser Effekt wird auch als „Fluch der Dimensionalität" bezeichnet[265].

Um den Rechenaufwand für das kognitive System in Grenzen zu halten, muss vor dem Einsatz von CTM eine Voranalyse des zu regelnden Prozesses durchgeführt werden. Das Ziel der Voranalyse ist, aus einer Vielzahl möglicher Einflussgrößen in einem Produktionsprozess die Parameter mit dem größten Einfluss auf das zu regelnde Merkmal zu identifizieren.[266] Für die Voranalyse haben sich statistische Werkzeuge des Datami-

[264] vgl. hierzu Kapitel 2.3.1

[265] vgl. Bellman, *Adaptive Control Processes*.

[266] Dies kann mit dem Begriff der Aufmerksamkeit im Bereich der Kognition verglichen werden. Die Aufmerksamkeit steht in der Kognition für einen Filter für relevante Informationen. vgl. hierzu auch: Frensch, "Kognition," S. 21.

ning bewährt[267]. Besonders Entscheidungsbäume sind zur Identifikation relevanter Parameter in einem Produktionsprozess effektiv einsetzbar[268]. Zur Durchführung der Voranalyse per Datamining ist es notwendig, eine ausreichend große Datenmenge im Rahmen eines Vorlaufs zu generieren. In diesem Vorlauf müssen die zu untersuchenden Parameter Variationen aufweisen, um Ihren Einfluss entdecken zu können. Diese Variationen können über gezielte Versuchsplanung, jedoch auch durch die natürliche Streuung einzelner Werte, erreicht werden. Zur eigentlichen Datenanalyse existieren verschiedene Softwarelösungen. Im Rahmen des CTM-Projektes wurden mit der freien Software „Rapid Miner“[269] sehr gute Ergebnisse erzielt. Die Voranalyse zeigt den Einfluss der untersuchten Parameter auf das zu regelnde Merkmal. Es konnten zuverlässig relevante Parameter identifiziert werden, jedoch konnte keine Aussage über die qualitativen Zusammenhänge getroffen werden.

Bei den identifizierten Einflussgrößen muss differenziert werden, ob die gefundenen Größen direkt beeinflussbar sind oder ob es sich um nicht direkt steuerbare Größen wie bspw. Unterschiede in Materialchargen handelt.

Bevor ein kognitives System auf den identifizierten Parametern arbeiten kann, müssen diese durch Prozessexperten einer Plausibilitäsprüfung unterzogen werden. Abhängig davon müssen der Einsatzort und die zu regelnden Parameter ausgewählt werden. Es muss sichergestellt sein, dass dem kognitiven System alle relevanten Einflussgrößen zugeführt werden und dass die Stellgrößen so gewählt werden, dass mit ihnen auftretende Abweichungen effektiv und effizient korrigiert werden können. Zusätzlich ist darauf zu achten, dass die Regelung durch CTM im Rahmen der Taktzeit möglich ist. Dabei ist neben der Rechenzeit für das kognitive System auch die Anpassung der Stellgrößen zu berücksichtigen.

Relevante Parameter können neben Maschineneinstellungen auch Messgrößen des zu fertigenden Teils oder der Umgebung sein. Vor dem Einsatz von CTM müssen diese Daten in digitaler Form vorhanden sein. Unter Umständen fordert dies den Einsatz zusätzlicher Messtechnik.

---

[267] vgl. H. Petersohn, *Data Mining: Verfahren, Prozesse, Anwendungsarchitektur* (München: Oldenbourg, 2005).

[268] vgl. N. Matuschek, *Implementierung selbstoptimierender Prozessmechanismen in Produktionssysteme* (Aachen: Apprimus Verlag, 2012).

[269] http://www.rapid-i.com

4.2 Architektur von Cognitive Tolerance Matching

Der kognitive Kern von CTM besteht aus einem Optimierer, einem Prozessmodell und einem Wissensmodul. Zur Verbindung von Optimierer und Prozessmodell, zur Daten Ein- und Ausgabe sowie als Schnittstelle zum Benutzer ist ein Koordinationsmodul in der CTM-Architektur enthalten.

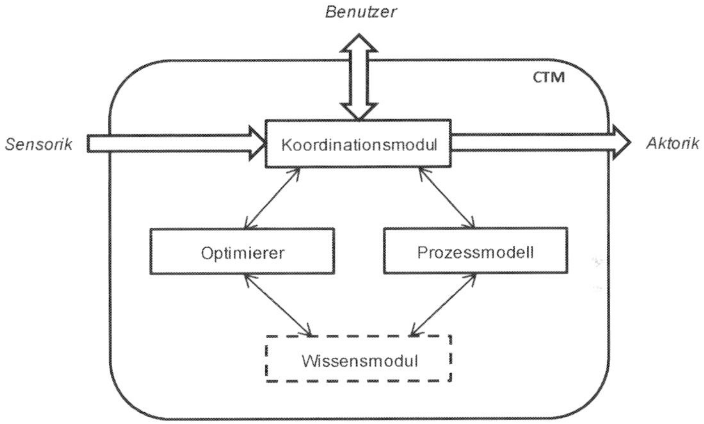

Abbildung 4.3: CTM-Architektur

Die Verknüpfung der einzelnen Module ist in Abbildung 4.3 gezeigt. CTM ist als modulare Struktur aufgebaut. Der gesamte Datenaustausch sowohl innerhalb von CTM als auch nach außen wird durch das Koordinationsmodul abgewickelt. Durch die Verwendung standardisierter Schnittstellen zwischen den Modulen wird ein unkomplizierter Austausch einzelner Technologien ermöglicht.

Das Wissensmodul ist in CTM als Meta-Modul realisiert. Es handelt sich hierbei nicht um ein dediziertes Modul. Stattdessen wird Wissen bzw. Erfahrung jeweils durch das Prozessmodell und den Optimierer erzeugt. Auf die Struktur des Wissens in CTM wird in Kapitel 5.1 detailliert eingegangen.

Im Folgenden werden der Ablauf, die einzelnen Module und die verwendete Software kurz vorgestellt. Auf den Optimierer wird in Kapitel 5 detailliert eingegangen.

4.2.1 Ablauf von CTM

CTM wird so in den Produktionsprozess integriert, dass es auf Basis der Resultate vorhergehender Prozessschritte eine ausgewählte Anlage regeln kann.

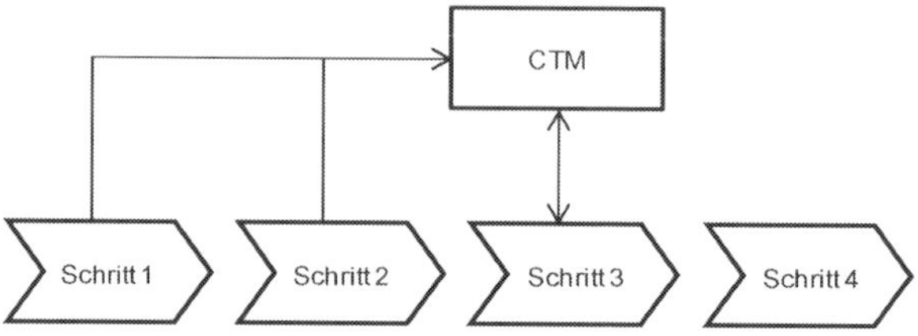

Abbildung 4.4: Positionierung von CTM im Produktionsprozess

In Abbildung 4.4 ist die Positionierung von CTM in einem Produktionsprozess beispielhaft dargestellt. CTM wird eingesetzt, um die Parameter von Schritt 3 in Abhängigkeit der Resultate der vorherigen Prozessschritte einzustellen. In diesem Beispiel muss sichergestellt werden, dass in Schritt 4 das durch CTM geregelte Funktionsmerkmal nicht mehr signifikant verändert werden kann.

Der interne Ablauf von CTM ist durch ein Wechselspiel zwischen dem Optimierer und dem Prozessmodell charakterisiert. Abbildung 4.5 visualisiert diese Interaktion.

Zu Beginn steht die Datenverarbeitung durch das Koordinationsmodul. In diesem Schritt werden die relevanten Größen aus den vorhergegangenen Prozessschritten aufbereitet und an den Optimierer weitergegeben. Dieser generiert auf Basis der aktuellen Situation einen Parametervorschlag für den zu regelnden Prozessschritt. Das Prozessmodell erstellt anschließend eine Prognose des zu regelnden Funktionsmerkmals anhand der aktuellen Situation und der durch den Optimierer vorgeschlagenen Produktionsparameter. Diese Prognose wird durch den Optimierer mit den zu erreichenden Zielen abgeglichen und bzgl. der Funktionserfüllung bewertet. Ist das Resultat zufriedenstellend, wird der Produktionsschritt mit den vorgeschlagenen Parametern durchgeführt. Falls das Resultat nicht den gesetzten Zielen entspricht, wird vom Optimierer ein neuer Parametervorschlag erstellt. Diese Schleife wird solange durchgeführt, bis den Ansprüchen genügende Produktionsparameter identifiziert werden können.

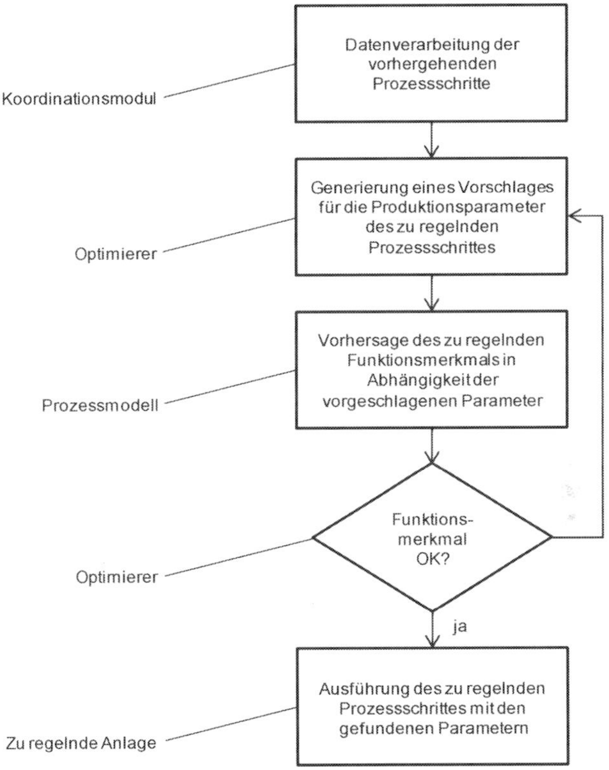

Abbildung 4.5: Grundlegender Ablauf von CTM

4.2.2 Prozessmodell

Das Prozessmodell ist in CTM als künstliches neuronales Netz (KNN) realisiert.[270] Für die verschiedenen im Rahmen des CTM-Projektes betrachteten produktionstechnischen Probleme hat sich eine Netzstruktur aus einer Eingabeschicht, einer verdeckten Schicht und einer Ausgabeschicht als am besten geeignet herausgestellt. Zum Training der Netze wird der Backpropagation Algorithmus[271] verwendet.[272]

[270] vgl. Kapitel 3.2.2

[271] vgl. G. E. Hinton, "Connectionist learning procedures," *Artificial Intelligence* 40(1989): S. 185ff.

[272] Im Rahmen des CTM Projektes wurden verschiedene Netzstrukturen und Algorithmen in Bezug auf den Einsatz als Prozessmodell detailliert evaluiert. Eine ausführliche Beschreibung der Ergebnisse ist im Rahmen dieser Arbeit nicht möglich. Für weitere Informationen wird auf folgende Literatur verwiesen:

Technisch realisiert ist das Prozessmodell durch den Stuttgarter Neuronale Netze Simulator (SNNS)[273] des Lehrstuhls Kognitive Systeme der Universität Tübingen. Dieser stellt eine sehr gute und erprobte Entwicklungsumgebung für neuronale Netze zur Verfügung. Es existiert eine graphische Oberfläche zum Aufbau, zum Trainieren und zum Veranschaulichen eines Netzes. SNNS ist für UNIX Systeme entwickelt, kann jedoch mit Hilfe einer speziellen Ablaufumgebung auch auf Windows Systemen eingesetzt werden.[274]

SNNS bietet neben der graphischen Benutzeroberfläche und einem Batch-Betrieb ein Skript, das das KNN als C++ Funktion umsetzt. Die Realisierung des KNN als C++ Funktion bietet entscheidende Vorteile. Das Netz kann im Rahmen des Optimierungsprozesses sehr schnell abgefragt werden. Besonders bei häufigen Netzabfragen entsteht ein nennenswerter Geschwindigkeitsvorteil gegenüber bspw. dem Batch-Betrieb. Des Weiteren existiert durch die Verwendung von C++ eine klar definierte Schnittstelle zum Koordinationsmodul.

Die durch SNNS erzeugte C++ Funktion enthält die Gewichtungen des trainierten Netzes direkt im Quelltext. Da bei dieser harten Programmierung die Gewichte der Netze zur Laufzeit nicht mehr angepasst werden können, wurde der durch SNNS erzeugte Quellcode im Rahmen des CTM-Projektes so weiterentwickelt, dass die Netzgewichtung ausgelagert und ein Nachtrainieren der Netze zur Laufzeit möglich ist.

4.2.3 Optimierer

Der Optimierer in CTM wird mit der kognitive Architektur Soar[275] umgesetzt. Soar ist in der Lage, einen intelligenten Optimierungsagenten mit folgenden Eigenschaften zu realisieren:

- Umfangreiche Darstellung von Wissen als prozedurales, deklaratives und episodisches Wissen
- Lösung von komplexen Problemen durch eine Suche im Zustandsraum
- Interaktion mit der Umwelt
- Implementierung verschiedener Lernstrategien

Soar wird als kognitive Architektur bezeichnet, streng genommen ist es jedoch eine Programmiersprache. Allerdings ist Soar nicht mit universellen Sprachen wie C, C++ oder Java vergleichbar. Anders als bei diesen Programmiersprachen ist der Programmablauf nicht sequentiell festgelegt. Ein Soar-Programm durchläuft nicht eine vorgegebene Sequenz von Aktionen, sondern reagiert zustandsabhängig auf Verände-

R. Schmitt, M. Isermann, und C. Wagels, "Integrative selbstoptimierende Prozessketten," in *Integrative Produktionstechnik für Hochlohnländer*, ed. C. Brecher (Heidelberg Dordrecht London New York: Springer, 2011), S. 774ff.

[273] http://www.ra.cs.uni-tuebingen.de/SNNS/

[274] Lämmel und Cleve, *Künstliche Intelligenz*: S. 308.

[275] vgl. Kapitel 3.2.1.1

rungen in der Umwelt und kann je nach Umweltsituation entsprechend angepasste Aktionen einleiten. Die Reaktion auf bestimmte Umweltbedingungen wird durch Regeln, die sogenannten Soar-Produktionen festgelegt. Im CTM-System werden die Regeln genutzt, um die möglichen Zustände der zu regelnden Anlage zu beschreiben. Die Menge aller Regeln beschreibt den für den Soar-Agenten zur Verfügung stehenden Zustandsraum, d.h. im konkreten Fall der Produktionsregelung alle Parameterzustände, die die zu regelnde Anlage einnehmen kann. Durch den Einsatz zusätzlicher Regeln kann die Menge möglicher Zustände eingeschränkt werden. Auf diese Weise können bestimmte Parameterkombinationen kategorisch ausgeschlossen werden. Ebenso lässt sich durch zusätzliche Regeln vorhandenes Expertenwissen über Ursache-Wirkungs-Zusammenhänge im Soar-Agenten abbilden. So kann eine optimale Mischung aus Flexibilität des Agenten und Nutzung bekannter Zusammenhänge erreicht werden.

In CTM ist der Soar-Agent mit einer Lernfähigkeit ausgestattet. Der Agent wird so in die Lage versetzt sowohl aus erfolgreichen als auch aus nicht erfolgreichen Parametervorschlägen zu lernen. Auf diese Weise kann bei identischen oder auch bei ähnlichen Szenarien die Suchgeschwindigkeit des Optimierers für eine zufriedenstellende Parameterkombination erheblich gesteigert werden. Des Weiteren erlaubt die in CTM verwendete Lernstrategie eine automatische Anpassung des Agenten an sich ändernde Rahmenbedingungen im Produktionsprozess.

In Kapitel 5 wird der Soar-Optimierer und die zugehörigen Lernstrategien detailliert beschrieben.

4.2.4 Koordinationsmodul

Das Koordinationsmodul ist in der Programmiersprache C++ realisiert. Es ist für die Datenübertragung verantwortlich, und es steuert die einzelnen Schritte im Ablauf von CTM.

Insgesamt verfügt das Modul über Schnittstellen zum Prozessmodell, zum Optimierer sowie zum Benutzer und zum Produktionssystem.

Durch die Realisierung des Prozessmodells als SNNS C++ Funktion kann diese direkt vom Koordinationsmodul angesprochen werden. Zusätzlich zur Abfrage des Prozessmodells ist im Koordinationsmodul ein Nachtrainieren der KNN zur Laufzeit von CTM implementiert. Dafür wird der vom Prozessmodell vorhergesagte Funktionswert des zu produzierenden Teils mit dem tatsächlich erreichten Wert verglichen. Falls die vorhandene Abweichung ein vorher festgelegtes Maß überschreitet, werden die KNN im Prozessmodell mit den tatsächlich erreichten Werten nachtrainiert.

Für die Schnittstelle zum Optimierungsmodul steht die Soar Markup Language (SML) zur Verfügung[276]. Diese bietet eine Schnittstelle über die in Form von XML Paketen mit dem Soar-Agenten kommuniziert werden kann. Für SML stehen Bibliotheken für C++, Java und Tcl zur Verfügung. Für das Koordinationsmodul wurde die C++ Bibliothek ausgewählt. Über diese Bibliothek können Soar-Agenten geladen und ausgeführt werden. Dabei kann der Soar-Programmablauf durch C++ schrittweise gesteuert werden. Des Weiteren erlaubt die C++ Bibliothek den Datenaustausch zwischen Soar und C++. Auf diese Weise kann das Koordinationsmodul den Datenaustausch zwischen dem Optimierer und dem Prozessmodell gestalten.

Die Benutzerschnittstelle kann je nach Anforderungen über eine GUI oder eine textbasierte Konsole erfolgen. Im Rahmen des Projektes wurden verschiedene prototypische Versionen realisiert. Eine direkte Schnittstelle zum Produktionssystem ist bisher nicht realisiert. Im Rahmen der Versuche erfolgte der Datenaustausch über das Einlesen bzw. die Ausgabe von ASCII Dateien. Für einen professionellen Einsatz bietet die Wahl von C++ als Programmiersprache jedoch zahlreiche Möglichkeiten.

[276] "Soar SML Quick Start Guide," University of Michigan, http://code.google.com/p/soar/wiki/SMLQuickStartGuide.

5 Wissensbasierte Entscheidungsfindung und Optimierung innerhalb von Cognitive Tolerance Matching

Der Schwerpunkt dieser Arbeit liegt neben der Entwicklung des Gesamtkonzeptes „CTM" in der wissensbasierten Entscheidungsfindung innerhalb von CTM. In diesem Kapitel wird das in Kapitel 3 vorgestellte kognitive Gedächtnismodell an die speziellen Anforderungen in der Produktionsregelung adaptiert, und es wird erläutert, wie die einzelnen Gedächtnistypen innerhalb von CTM technisch umgesetzt werden. Der zweite Teil des Kapitels widmet sich der Lernfähigkeit von CTM. Zum besseren Verständnis der entwickelten Systematik werden verschiedene maschinelle Lernverfahren vorgestellt und anwendungsbezogen diskutiert. Anschließend wird die Implementierung von Reinforcement Learning in CTM vorgestellt. Abgeschlossen wird das Kapitel mit einer Erläuterung der durch CTM realisierten Optimierungsstrategie.

5.1 Produktionstechnische Adaption des kognitiven Wissensmodells

In Kapitel 3.1.3 wurde ein Gedächtnismodell zur kognitiven Informationsverarbeitung vorgestellt. Dieses Modell besteht aus einem Ultrakurzzeitgedächtnis, einem Kurzzeitgedächtnis und einem Langzeitgedächtnis. Das Langzeitgedächtnis lasst sich wiederrum in einen semantischen, einen episodischen und einen deklarativen bzw. prozeduralen Bereich aufteilen.

Das Ziel bei der Entwicklung von Cognitive Tolerance Matching ist die Realisierung eines Systems, das möglichst nah an die kognitiven Mechanismen des Menschen angelehnt ist. Im Mittelpunkt der kognitiven Informationsverarbeitung stehen die Verarbeitung und das Speichern von Wissen.

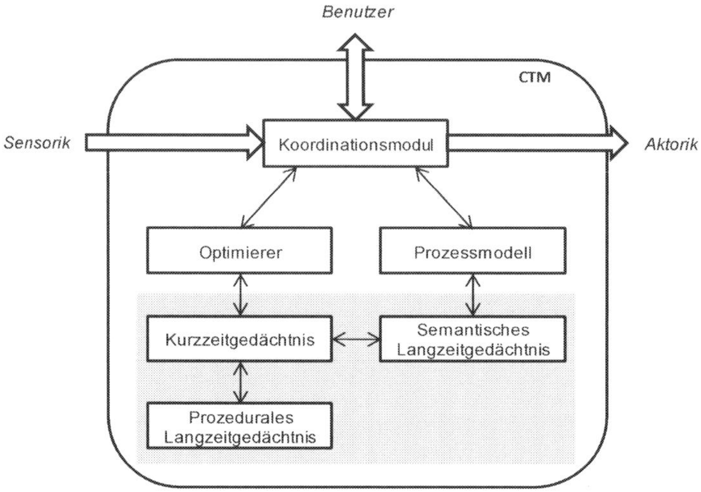

Abbildung 5.1: Wissensrepräsentierung in CTM

Abbildung 5.1 zeigt die Anbindung der CTM-Module an die verschiedenen kognitiven Gedächtnisebenen. Im Folgenden werden die einzelnen Schritte der Wissensverarbeitung in CTM entsprechend beschrieben und kategorisiert.

5.1.1 Kurzzeitgedächtnis

Zu Beginn der Informationsverarbeitung stehen das Ultrakurzzeit- bzw. das Kurzzeitgedächtnis. In CTM ist dies durch das Working Memory (WM) von Soar realisiert. Dort wird das Wissen abgelegt, das nur relevant für den momentanen Zustand des Agenten ist. Dies beinhaltet allerdings neben Informationen aus der Umwelt auch Daten aus dem Langzeitspeicher, die für den aktuellen Zustand von besonderer Wichtigkeit sind. Diese Elemente können dann in das Working Memory gerufen werden, wenn der aktuelle Zustand den Vorgaben des betroffenen Wissenselements aus dem Langzeitspeicher entspricht. Hier zeigt sich die Analogie zur menschlichen Informationsverarbeitung. Beim Menschen sind ebenso nicht alle Elemente des Langzeitgedächtnisses zu jedem Zeitpunkt abrufbar.[277]

Im Working Memory ist das Wissen in einzelnen Working Memory Elements (WME) abgelegt. Die Abspeicherung der einzelnen Elemente ist an die Graphentheorie[278] angelehnt.

[277] Lehman, Laird, und Rosenbloom, "A Gentle Introduction to Soar, an Architecture for Human Cognition," S. 14.

[278] vgl. R. Diestel, *Graphentheorie* (Berlin: Springer, 2006).

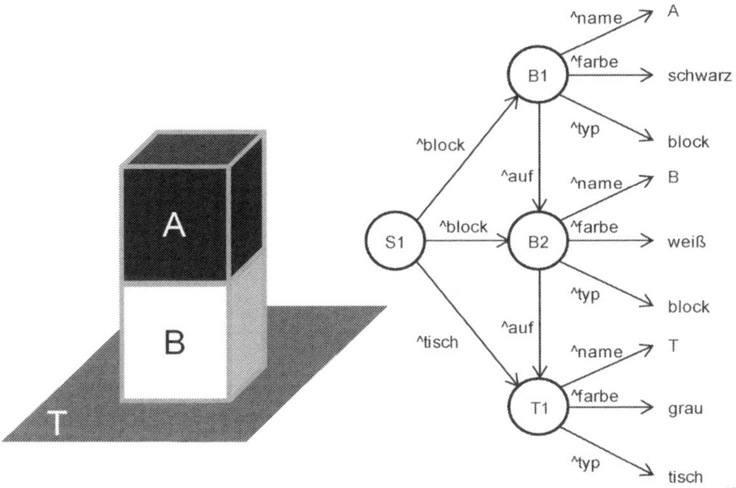

Abbildung 5.2: Arbeitsspeicher von Soar[279]

In Abbildung 5.2 ist ein einfaches Beispiel für Elemente im Soar-Kurzzeitgedächtnis dargestellt. Auf einem Tisch sind zwei Blöcke übereinander gestapelt. Zur Repräsentation dieser Situation im Soar-Kurzzeitspeicher werden Identifier, Konstanten und Attribute angelegt.

Die Identifier sind als Form von Kreisen dargestellt. Im obigen Beispiel ist S1 der „State Identifier“. Zusätzlich zu diesem Grundzustand S1 hat jedes weitere Element aus dem Zustandsraum einen entsprechenden Identifier.

Durch Attribute können die aktuellen Eigenschaften eines Identifiers beschrieben werden. In Soar werden Attribute mit einem „^“ eingeleitet.

Attributen können konkrete Werte zugeordnet werden. In diesem Beispiel sind die Werte A, B, T, schwarz, weiß, grau, block und tisch Konstanten.

In Soar wird dieser Zustand wie folgt beschrieben:

```
(s1 ^block b1 ^block b2 ^tisch t1)
(b1 ^name A ^farbe schwarz ^typ block ^auf b2)
(b2 ^name B ^farbe weiß ^typ block ^auf t1)
(t1 ^name T ^farbe grau ^typ tisch)
```

Diese interne Soar Schreibweise kann jederzeit in die anschaulichere Graphendarstellung überführt werden.

279 J. E. Laird, *The Soar 9 Tutorial* (University of Michigan, 2008), S. 10.

In CTM beinhaltet das Soar-Kurzzeitgedächtnis den aktuellen Zustand des zu regelnden Produktionsprozesses. Dies beinhaltet sowohl die aktuellen Einstellungen des zu regelnden Produktionsschrittes als auch relevante Parameter vorhergehender Produktionsschritte.

5.1.2 Langzeitgedächtnis

Das Langzeitgedächtnis wird in CTM sowohl durch Soar als auch durch künstliche neuronale Netze im Prozessmodul gebildet. Es zum einen explizit programmiert und zum anderen durch Anwendung verschiedener Lernverfahren trainiert.[280]

Der erste Schritt beim Einsatz von CTM zur Regelung eines Produktionsprozesses ist die Erstellung eines oder mehrerer Modelle zur Simulation einzelner Prozessschritte. Dazu werden KNN mit gesammelten Prozessdaten trainiert. Die trainierten KNN sind anschließend in der Lage, die Zusammenhänge im Produktionsprozess nachzubilden bzw. das Ergebnis einzelner Schritte vorherzusagen. Damit bilden die trainierten KNN den semantischen Teil im deklarativen Langzeitgedächtnis. Dieser Teil enthält klassischerweise Wissen über Gesetzmäßigkeiten und Zusammenhänge.[281] Das in den KNN hinterlegte Wissen kann in CTM zur Laufzeit ständig angepasst werden. Diese Anpassung geschieht durch ein Nachtrainieren der jeweiligen KNN, wenn festgestellt wird, dass die Vorhersagegüte ein vorher festgelegtes Maß unterschreitet. So kann das Wissen im semantischen Langzeitgedächtnis flexibel auf sich ändernde Rahmenbedingungen angepasst werden.

Der zweite zentrale Baustein von CTM ist der Soar-Optimierer. Die Soar-Produktionen, also die in Soar programmierten Regeln bilden das prozedurale Langzeitgedächtnis[282]. In diesem Teil werden feste, automatisch ablaufende Verhaltensweisen und Fertigkeiten abgelegt. In CTM wird mit Hilfe der Soar-Produktionen der Handlungsrahmen für den Optimierer festgelegt. Die Soar-Produktionen sind als Wenn-Dann-Regeln aufgebaut und interagieren mit den WMEs des Kurzzeitgedächtnisses. In Soar sind die Regeln nach folgender Syntax aufgebaut:

[280] Auf die einzelnen Lernalgorithmen wird in Kapitel 5.2 detailliert eingegangen. In Kapitel 6 werden die einzelnen Verfahren praktisch evaluiert.

[281] vgl. S. 40

[282] vgl. S. 40

```
sp {name*der*regel
    (bedingung1)
    (bedingung2)
    (...)
-->
    (aktion1)
    (aktion2)
    (...)
    }
```

Eingeleitet werden sämtliche Regeln mit „sp“, was als Abkürzung für „Soar Production“ steht. Anschließend folgt die eigentliche Regel in geschweiften Klammern. Sie ist in einen Bedingungs- und einen Aktionsteil gegliedert. Auf den Namen der jeweiligen Regel in der ersten Zeile folgen die einzelnen Bedingungen die zur Ausführung der Regel gelten müssen. Anschließend wird mit einem „-->“ der Aktionsteil der Soar-Regel eingeleitet. Dieser kann mehrere Aktionen enthalten.[283] [284]

Jede Soar-Regel ist in eine Propose- und eine Apply-Regel aufgeteilt. Die Propose-Regel schlägt bei Erfüllung des Bedingungsteils die zugehörige Apply-Regel vor.[285]

Die folgende Propose-Regel

```
sp {propose*hello-world
    (state <s> ^type state)
-->
    (<s> ^operator <o> +)
    (<o> ^name hello-world)
    }
```

überprüft in ihrem Bedingungsteil, ob der im Working Memory vorhandene Zustand von Typ „state“ ist. Da diese Bedingung grundsätzlich erfüllt ist, wird die Regel in jedem Soar-Durchlauf vorgeschlagen. Der Aktionsteil gliedert sich in zwei Befehle. Der erste Befehl erstellt einen neuen Operator und vergibt ihm mit dem „+“ die Präferenz „acceptable“. Diese Präferenz erlaubt das Auswählen des Operators in der Entscheidungsphase[286]. Mit dem zweiten Befehl wird diesem neu erzeugten Operator der Name „hello-word“ gegeben.

In der zugehörigen Apply-Regel:

[283] Laird, *The Soar 9 Tutorial*: S. 23ff.

[284] Laird, Congdon, und Coulter, *The Soar User's Manual – Version 9.1*: S. 38ff.

[285] Ebenda, S. 39.

[286] vgl. Kapitel 3.2.1.1

```
sp {apply*hello-world
   (state <s> ^operator <o>)
   (<o> ^name hello-world)
-->
   (write |Hello World|)
   (halt)
   }
```

wird im Bedingungsteil überprüft, ob im Arbeitsspeicher ein ausgewählter Operator vorhanden ist und ob dieser den Namen „hello-world" besitzt. Bei einer Erfüllung dieser beiden Bedingungen greift die Regel, und der Aktionsteil wird ausgelöst. Dieser besteht aus der Ausgabe von „Hello World" und der Beendigung des Programms.[287]

Die Soar-Produktionen bilden das eigentliche Soar-Programm und können zur Laufzeit nicht verändert werden. Daher sollten als prozedurales Wissen nur unwiderrufliche Tatsachen wie mögliche Einstellwerte einer Produktionsmaschine hinterlegt werden. Mit Hilfe von Soar-Produktionen ist es auch möglich, semantisches Wissen zu hinterlegen. Im Rahmen dieser Arbeit wird dies als Expertenwissen bezeichnet. Dabei handelt es sich um vorher bekannte Ursache-Wirkungs-Zusammenhänge des zu regelnden Produktionsprozesses. Dieses Expertenwissen schränkt den möglichen Lösungsraum des Soar-Optimierers entsprechend ein und verbessert so die Effizienz des Optimierers eine geeignete Lösung zu finden. Da dieses Expertenwissen innerhalb von Soar eine unumstößliche Tatsache darstellt, muss bei der Formulierung dieser Regeln sehr darauf geachtet werden, dass diese unter allen Bedingungen zutreffen und sich auch über die Zeit hin nicht verändern können.

Neben dem Prozessmodell verfügt auch der Optimierer über eine Lernfähigkeit, die Wissen im Langzeitgedächtnis erzeugen kann. Das Ziel des lernfähigen Optimierers ist es Erfahrungswissen aufzubauen, so dass nicht bei jedem Problem eine vollständig neue Suche durchgeführt werden muss. Dieses Erfahrungswissen wird in Form von semantischem Wissen aufgebaut. CTM nutzt dafür die Soar-Implementierung von Reinforcement Learning[288]. Der Ansatz von Reinforcement Learning beruht auf der Belegung von Entscheidungen mit situationsabhängigen Präferenzen. Dafür werden die Erfahrungen einer Vielzahl durchgeführter Entscheidungen zu einer Präferenz kumuliert. Bestimmte einzelne Erfahrungen sind bei diesem Verfahren nicht mehr nachvollziehbar.[289]

---

[287] Im Rahmen dieser Arbeit kann nur eine Einführung in die Struktur und Arbeitsweise der Soar Regeln gegeben werden. Da die Syntax und die Möglichkeiten zur Regelerstellung sehr komplex und umfangreich sind, wird für weitere Details auf folgende Literatur verwiesen:

Laird, Congdon, und Coulter, *The Soar User's Manual – Version 9.1*.

[288] Die einzelnen Lernmechanismen, insbesondere Reinforcement Learning werden in Kapitel 5.2 detailliert beschrieben.

[289] Die Nachvollziehbarkeit bestimmter einzelner Erfahrungen bedarf die Speicherung in einem episodischen Gedächtnis. CTM ist aktuell in der Version 9.2 von Soar realisiert. Diese Version unterstützt noch kein episodisches Gedächtnis. In Soar Version 9.3 wird erstmals episo-

Durch die verschiedenen Lernvorgänge findet ein Wissenstransfer innerhalb der CTM-Architektur statt.

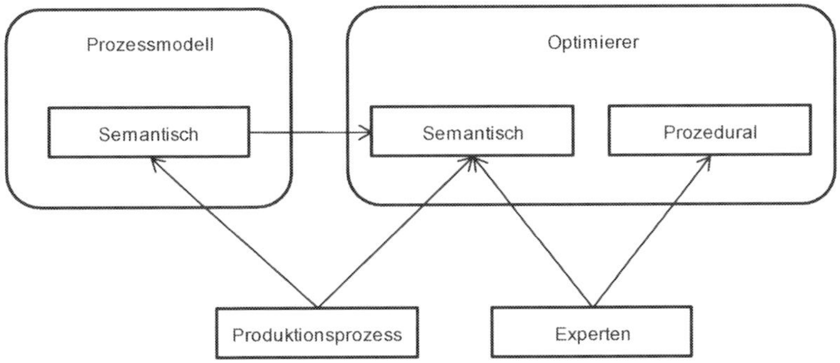

Abbildung 5.3: Wissenstransfer innerhalb der CTM-Architektur

Abbildung 5.3 zeigt den Wissenstransfer im Langzeitgedächtnis der CTM-Architektur. Die Architektur bezieht Wissen durch Programmierung von Experten und durch Beobachtung des Produktionsprozesses. Zu Beginn steht das Anlernen des Prozessmodells durch Beobachtung des Produktionsprozesses und die Erstellung der Soar--Regeln durch Prozessexperten. Zur Laufzeit von CTM erfolgt ein Transfer des semantischen Wissens vom Prozessmodell zum Optimierer. Dieser Transfer wird durch Reinforcement Learning seitens des Optimierers realisiert. Zusätzlich zu diesem Transfer findet auch ein ständiger Abgleich des gelernten Wissens mit den aktuell realisierten Daten im Produktionsprozess statt. Sobald die Differenz zwischen realen und prognostizierten Werten ein bestimmtes Maß überschreitet, erfolgt ein automatisiertes Nachtrainieren. Dabei wird sowohl das Prozessmodell als auch der Optimierer trainiert. Ein alleiniges Training des Prozessmodells hätte zur Folge, dass eine Latenz zwischen dem gespeicherten Wissen des Prozessmodells und dem Wissen des Optimierers entstünde. Durch paralleles Nachtrainieren wird die Reaktionszeit von CTM auf Änderungen im Produktionsprozess minimiert.

dic learning und damit ein episodisches Gedächtnis unterstützt. Aktuell wird eine Umstellung von CTM auf Soar Version 9.3, und damit eine Implementierung von episodic learning überprüft. Im Rahmen dieser Arbeit findet episodic learning keine Anwendung.

5.2 Akquisition von Erfahrungswissen

In den letzten Jahrzehnten sind auf dem Gebiet des maschinellen Lernens beachtliche Fortschritte erzielt worden, und maschinelle Lernverfahren finden eine breite Anwendung in der naturwissenschaftlichen Praxis.[290]

Lernfähigkeit ist die zentrale Komponente zur Realisierung einer selbstoptimierenden Produktionsregelung. Nur durch eine inhärente Lernfähigkeit kann ein Regelungssystem in die Lage versetzt werden, flexibel auf äußere Einflüsse bzw. sich ändernde Rahmenbedingungen zu reagieren. In Cognitive Tolerance Matching ist Lernfähigkeit sowohl im Prozessmodell als auch im Optimierer integriert. Auf diese Weise wird eine maximale Wandlungsfähigkeit des Systems sichergestellt und das System in die Lage versetzt, auch komplexe Prozesse nach einer anfänglichen Anlernphase effizient zu regeln. Effizienz steht zum einen für eine hohe Geschwindigkeit bei der Suche akzeptabler Maschinenparameter und zum anderen für eine möglichst schnelle Adaption an Änderungen im Produktionsprozess. Eine hohe Suchgeschwindigkeit erlaubt einen wirtschaftlichen Einsatz innerhalb des Produktionstakts, und eine hohe Wandlungsfähigkeit des Systems minimiert den Ausschuss bei unvorhergesehenen Änderungen und trägt so zu einer effizienten Regelung bei.

Im Folgenden werden verschiedene Verfahren des maschinellen Lernens diskutiert und anschließend das im Rahmen von CTM verwendete Reinforcement Learning detailliert vorgestellt.

5.2.1 Maschinelles Lernen

Das maschinelle Lernen und die statistische Lerntheorie verfügen aktuell über ein breites Feld praktischer Anwendungen. In der automatisierten Spracherkennung werden durch maschinelle Lernverfahren wie bspw. Hidden Markov Models oder Conditional Random Fields aktuell wesentlich bessere Ergebnisse erzielt als mit Methoden, die auf dem Einsatz von Expertenwissen basieren[291]. In der Biologie wurde die Gensegmentierung von Caenorhabditis elegans[292] mit Hilfe von statistischen Lernverfahren besser vorhergesagt, als es bis dahin durch von Experten erstellten Gennotationen möglich war[293] [294]. Im Bereich der Gesichts- und Spracherkennung werden mit lernfähigen Algorithmen wie der Linear Discriminant Anaylsis (LDA) und der Independent Component

---

[290] M. Toussaint et al., *Autonomes Lernen (Kurzversion)*, Antrag auf Einrichtung eines neuen DFG-Schwerpunktprogramms (Berlin, Bielefeld, Leipzig, Bochum2010), S. 2.

[291] vgl. B. Roark, M. Saraclar, und M. Collins, "Discriminative n-gram language modeling," *Computer Speech and Language* 21, no. 2 (2007).

[292] Es handelt sich um einen Fadenwurm, der sich hoher Beliebtheit als Modellorganismus erfreut. Er war 1998 der erste vollständig sequenzierte Vielzeller.

[293] vgl. G. Rätsch et al., "Improving the *Caenorhabditis* elegans Genome Annotation Using Machine Learning," *PLoS Computational Biology* 3, no. 2 (2007).

[294] vgl. A. Ben-Hur et al., "Support Vector Machines and Kernels for Computational Biology," *PLoS Computational Biology* 4, no. 10 (2008).

Anaylsis (ICA) gute Ergebnisse erzielt[295]. ICA kann unter anderem in der Produktionstechnik zur Schadensdiagnose von Wälzlagern in Maschinen eingesetzt werden[296].

Im Bereich des Internets sind lernfähige Algorithmen besonders verbreitet. Beispielsweise Bayes Klassifizierung zur automatisierten Erkennung sogenannter Spam Mails[297] oder im Einsatz bei Internetsuchmaschinen.[298]

TOUSSAINT teilt das maschinelle Lernen in sechs Gruppen auf:[299]

1. Strukturierte Ein- und Ausgaberäume
2. Strukturierte Informationsverarbeitung und Handlungsplanung mittels probabilistischer Inferenz
3. Unüberwachtes, halbüberwachtes und aktives Lernen
4. Reinforcement Learning
5. Evolution von Strukturen
6. Robotik

In dieser Aufteilung der Lernverfahren fehlt das vollständig überwachte Lernen. Überwachtes Lernen bedeutet, dass das kognitive System mit Kombinationen aus beobachteten Eingangs- und zugehörigen Ausgangswerten trainiert wird. Das System ist aufgrund dieser Trainingsdaten in der Lage, die Zusammenhänge zwischen den Ein- und Ausgangsdaten zu begreifen und auch bei unbekannten Eingangsdaten die richtigen Ausgangsdaten zu bestimmen. Entsprechende Verfahren werden bspw. Beim Training von künstlichen neuronalen Netzen angewendet. In diesem Bereich ist Backpropagation[300] das am weitesten verbreitete Verfahren. Bei komplexen vielschichtigen Netzen kommen jedoch vermehrt alternative Techniken zum Einsatz[301] [302]. Das überwachte Lernen ist die Form des maschinellen Lernens, die sich am meisten von den menschlichen Lernmechanismen unterscheidet. Das überwachte Lernen ist mehr eine mathematische als eine kognitive Disziplin.

Strukturierte Ein- und Ausgaberäume sind ein essentieller Teil des maschinellen Lernens. Besonders hervorzuheben sind in diesem Bereich die Support-Vektor-Maschinen (SVM). Sie stellen ein Lernverfahren zur Klassifizierung von Eingabeinformationen dar

---

[295] vgl. B. Draper et al., "Recognizing faces with PCA and ICA," *Computer Vision and Image Understanding: Special Issue on Face Recognition* 91, no. 1-2 (2003).

[296] vgl. M. Isermann, J.H. Diniz Guimarães, und C. Steinhusen, "Untersuchung der Praktikabilität von Quellentrennungsverfahren bei der Schadensdiagnose in Wälzlagern," in *Fortschritte der Akustik - DAGA* (Stuttgart2007).

[297] J. P.T. Jeffrey und Philip S.Y., *Machine Learning in Cyber Trust* (New York: Springer, 2009), S. 21f.

[298] Toussaint et al., *Autonomes Lernen (Kurzversion)*: S. 3.

[299] Ebenda, S. 4.

[300] Rojas, *Theorie der neuronalen Netze: Eine systematische Einführung*: S. 149.

[301] vgl. G. E. Hinton, S. Osindero, und Y.-W. Teh, "A Fast Learning Algorithm for Deep Belief Nets," *Neural Computation* 18, no. 7 (2006).

[302] vgl. G. E. Hinton, "Learning multiple layers of representation," *Trends in Cognitive Sciences* 11, no. 10 (2007).

und sind somit ein wichtiger Teil der kognitiven Informationsverarbeitung. SVMs basieren auf dem Paradigma des Lernens aus Beispielen[303]. Obwohl SVMs eigentlich ein lineares Verfahren zur Musterklassifizierung sind, erlauben Kernfunktionen eine effiziente Transformation in einen höherdimensionalen Merkmalsraum, in dem eine lineare Klassifizierung vorgenommen werden kann. Diese Kernfunktionen bieten den Vorteil, dass viele Fragestellungen im Bereich des Lernens recht einfach mathematisch formuliert und untersucht werden können[304]. Auch bei der Verarbeitung strukturierter Ausgaben sind im Bereich des maschinellen Lernens wichtige Fortschritte durch die Einbindung probabilistischer Inferenzmethoden in den Regressionsprozess erzielt worden[305]. Diese Algorithmen bieten die Möglichkeit komplexe Räume abzubilden und haben sich in vielen Anwendungen durchgesetzt und erhebliche Verbesserungen gebracht. Mit ihnen ist es möglich Zusammenhänge zwischen Eingaben und komplexen Ausgaben eines Systems zu erlernen[306].[307]

Aufgrund der zahlreichen Möglichkeiten haben sich die Methoden der probabilistischen Inferenz zu einem wichtigen Prinzip der kognitiven bzw. neuronalen Informationsverarbeitung entwickelt[308] [309]. Sogar Entscheidungs-, Planungs- und Steuerungsprobleme lassen sich als probabilistische Inferenzprobleme betrachten und mit identischen Methoden lösen[310] [311]. Der Ansatz der probabilistischen Inferenz wird in der Psychologie als Modell für die menschliche Entscheidungsfindung herangezogen[312] [313]und wird in der Robotik zur Bewegungsplanung angewendet[314]. Die Sichtweise der probabilistischen Inferenz eröffnet wichtige Perspektiven für das maschinelle Lernen. Sie dient als

---

303 V. Baier, *Klassifikation mit Support Vektor Maschinen* (München: GRIN Verlag, 2010), S. 2.

304 Toussaint et al., *Autonomes Lernen (Kurzversion)*: S. 4.

305 vgl. J. Lafferty, A. McCallum, und F. Pereira, "Conditional Random Fields: Probabilistic Models for Segmenting and Labeling Sequence Data" (paper presented at the ICML 2001, Williamstown, Massachusetts, USA, 2001).

306 vgl. X. Zhang, D. Aberdeen, und S. V. N. Vishwanathan, "Conditional Random Fields for Multi-agent Reinforcement Learning" (paper presented at the ICML 2007, Corvalis, Oregon, USA, 2007).

307 Toussaint et al., *Autonomes Lernen (Kurzversion)*: S. 5.

308 T. Ott und R. Stoop, "The Neurodynamics of Belief Propagation on Binary Markov Random Fields" (paper presented at the NIPS 2006, Vancouver, British Columbia, Canada, 2006), S. 2.

309 R. P. N. Rao, "Bayesian Computation in Recurrent Neural Circuits," *Neural Computation* 16, no. 1 (2004): S. 17.

310 M. Toussaint, "Probabilistic inference as a model of planned behavior," *KI - Künstliche Intelligenz*, no. 3 (2009).

311 M. Hoffman et al., "Trans-dimensional MCMC for Bayesian Policy Learning" (paper presented at the NIPS 2007, Vancouver, British Columbia, Canada, 2007), S. 2.

312 M. Botvinick und J. An, "Goal-directed decision making in prefrontal cortex: A computational framework" (paper presented at the NIPS 2008, Vancouver, British Columbia, Canada, 2009).

313 vgl. hierzu auch Kapitel 3.1.5

314 M. Toussaint, "Robot Trajectory Optimization using Approximate Inference" (paper presented at the ICLM 2009, Montreal, Quebec, Canada, 2009).

generisches Prinzip für kognitive Informationsverarbeitung und kann auch auf tiefe Strukturen effizient angewendet werden.[315]

Im Rahmen des eigentlichen Lernens existieren neben dem überwachten Lernen zahlreiche weitere Verfahren. Beim unüberwachten Lernen wird lediglich aus Eingangsdaten eines Systems gelernt. Die zugehörigen Ausgaben werden für den Lernvorgang nicht zur Verfügung gestellt. Es ist also kein Expertenwissen für das Trainieren des kognitiven Systems notwendig. Beim unüberwachten Lernen wird davon ausgegangen, dass über statistische Untersuchung der Eingangssignale wichtige Informationen über deren Entstehung generiert werden können. Mit Hilfe des unüberwachten Lernens können die beobachteten Daten auf Basis charakteristischer Eigenschaften und Muster so beschrieben werden, dass so nachfolgende Entscheidungen oder die Vorhersage neuer Beobachtungen erleichtert wird.[316] Beispielhafte Algorithmen des unüberwachten Lernens sind kernel principal component analysis[317], locally linear embedding[318], isomap[319], unsupervised kernel regression[320] und die nichtlineare ICA[321]. Trotz der Fortschritte auf dem Gebiet des unüberwachten Lernens besitzen die aktuellen Verfahren nach wie vor eine sehr beschränkte Leistungsfähigkeit[322].[323]

Beim aktiven Lernen wählt das System aus einer großen Menge möglicher Trainingsdaten eigenständig diejenigen Daten aus, mit denen der größte Trainingseffekt erzielt werden kann. Aktives Lernen ist immer dann sinnvoll, wenn zwar genügend Eingangswerte zur Verfügung stehen, jedoch die Generierung von Ausgangswerten für das Training sehr aufwändig bzw. sehr teuer ist oder wenn mehr Trainingsdaten zur Verfügung stehen, als das lernende System verarbeiten kann.[324] [325]

Das halbüberwachte Lernen zielt ebenfalls auf das Problem, dass Ausgangsgrößen manchmal nur schwierig oder nur unter hohen Kosten zu ermitteln sind. Es verbindet

---

[315] Toussaint et al., *Autonomes Lernen (Kurzversion)*: S. 5.

[316] Z. Ghahramani, "Unsupervised Learning," in *Advanced Lectures in Machine Learning: ML Summer Schools 2003, Canberra, Australia, February 2-14, 2003, Tübingen, Germany, August 4-16, 2003, Revised Lectures*, ed. O. Bousquet, U. von Luxburg, und G. Ratsch (New York: Springer, 2004), S. 73.

[317] vgl. B. Schölkopf, A. Smola, und K. R. Müller, "Nonlinear Component Analysis as a Kernel Eigenvalue Problem," *Neural Computation* 10, no. 5 (1998).

[318] vgl. S. T. Roweis und L. K. Saul, "Nonlinear Dimensionality Reduction by Locally Linear Embedding," *Science* 290, no. 5500 (2000).

[319] vgl. J. B. Tenenbaum, V. Silva, und J. C. Langford, "A Global Geometric Framework for Nonlinear Dimensionality Reduction," *Science* 290, no. 5500 (2000).

[320] vgl. P. Meinicke et al., "Principal Surfaces from Unsupervised Kernel Regression," *IEEE Transations on Pattern Analysis and Machine Intelligence* 27, no. 9 (2005).

[321] vgl. A. Hyvärinen, J. Karhunen, und E. Oja, *Independent Component Analysis* (New York: Wiley & Sons, Inc., 2001).

[322] M. Bethge, "Factorial coding of natural images: how effective are linear models in removing higher-order dependencies?," *Journal of the Optical Society of America A* 23, no. 6 (2006): S. 1261f.

[323] Toussaint et al., *Autonomes Lernen (Kurzversion)*: S. 5f.

[324] vgl. T. Glasmachers und C. Igel, "Second Order SMO Improves SVM Online and Active Learning," *Neural Computation* 20, no. 2 (2008).

[325] Toussaint et al., *Autonomes Lernen (Kurzversion)*: S. 6.

überwachtes und unüberwachtes Lernen. Dabei wird der Lernprozess des überwachten Lernens von Eingangswerten unterstützt, für die keine Ausgangswerte vorhanden sind.[326] [327]

Als sehr effektives Lernverfahren hat sich in den letzten Jahren das Reinforcement Learning erwiesen. Im Deutschen wird es auch als bestärkendes Lernen oder Verstärkungslernen bezeichnet. Beim Reinforcement Learning erhält das System nach einer Interaktion mit der Umwelt ein Feedback. Dieses Feedback kann je nach Güte der vom System durchgeführten Aktion belohnend oder bestrafend sein. Damit ist das Reinforcement Learning sehr nah an biologische Lernprozesse angelehnt[328]. Mit Reinforcement Learning wurden in verschiedenen Disziplinen schon beachtliche Erfolge erzielt. Mit Hilfe von Reinforcement Learning können Computer beim Backgammon Spiel Strategien erlernen, die denen menschlicher Spieler ebenbürtig sind[329]. Bei der Steuerung ferngesteuerter Helikopter sind durch den Einsatz von Reinforcement Learning Manöver möglich, die durch einen menschlichen Piloten nicht mehr beherrschbar wären[330]. Im Roboterfußball existieren zahlreiche Anwendung von Reinforcement Learning, die es einzelnen Agenten erlauben eigenständig zu lernen[331] [332] [333] [334].

Auch wenn ein System mit Reinforcement Learning prinzipiell aus einer fremden Umwelt lernen kann (solange sie entsprechendes Feedback liefert), ist es dennoch für einen effektiven Einsatz des Lernverfahrens von besonderer Wichtigkeit, dass der Problemraum, in dem das System agiert, durch einen menschlichen Experten vorstrukturiert wird[335]. Reinforcement Learning ist ein sehr vielversprechendes Lernverfahren für den Einsatz in der Produktionsregelung. Die Umwelt des lernenden Systems lässt sich sehr gut durch menschliche Experten strukturieren. Ein Beispiel ist die zielgerichtete Erstellung von Soar-Produktionen zur Beschreibung des Problemraums des zu regelnden Prozesses. Des Weiteren ist es im Bereich der Produktionsregelung sehr

[326] vgl. O. Chapelle, B. Schölkopf, und A. Zien, *Semi-Supervised Learning* (Cambridge: MIT Press, 2006).

[327] Toussaint et al., *Autonomes Lernen (Kurzversion)*: S. 6.

[328] K. Doya, "Reinforcement learning: Computational theory and biological mechanisms," *HFSP Journal* 1, no. 1 (2007): S. 33.

[329] vgl. G. Tesauro, "Temporal Difference Learning *and TD-Gammon*," *Communications of the ACM* 38, no. 3 (1995).

[330] vgl. P. Abbeel et al., "An Application of Reinforcement Learning to Aerobatic Helicopter Flight" (paper presented at the NIPS 2007, Vancouver, British Columbia, Canada, 2007).

[331] vgl. M. Riedmiller et al., "Reinforcement learning for robot soccer," *Autonomous Robots* 27, no. 1 (2009).

[332] vgl. H. Müller et al., "Making a Robot Learn to Play Soccer Using Reward and Punishment" (paper presented at the KI 2007: Advances in Artificial Intelligence - 30th Annual German Conference on AI, Osnabrück, 2007).

[333] vgl. T. Latzke, S. Behnke, und M. Bennewitz, "Imitative Reinforcement Learning for Soccer Playing Robots," in *RoboCup 2006: Robot Soccer World Cup X*, ed. G. Lakemeyer, et al., *Lecture Notes in Artificial Intelligence* (Berlin: Springer, 2007).

[334] Toussaint et al., *Autonomes Lernen (Kurzversion)*: S. 6.

[335] Ebenda.

einfach, dem lernfähigen System Feedback über sein Verhalten zu geben. Die Produktion eines Gut-Teils erzeugt Belohnung, die Produktion von Ausschuss erzeugt entsprechend Bestrafung.[336]

Auch evolutionäre Verfahren[337] verfügen über eine inhärente Lernfähigkeit. Dabei bedeutet Lernen, dass die Verfahren geeignete Strukturen und Repräsentationen automatisiert hervorbringen. Mit evolutionären Verfahren wurden zwar bereits Erfolge in technischen Anwendungen erreicht[338], jedoch in den letzten Jahren keine qualitativen Fortschritte erzielt[339].

Besonders in der Roboterforschung ist das eigenständige Lernen von zentraler Wichtigkeit. Ein autonomer Roboter ist sehr stark an die Art und Weise angelehnt, wie Lebewesen mit der Umwelt interagieren. Ein Roboter kann Objekte in seiner Umwelt manipulieren und die Konsequenzen dieser Manipulation erfahren. Daher sind im Bereich der Robotik die beiden häufigsten Lernverfahren Reinforcement Learning und Imitationslernen[340].[341]

Die Lernfähigkeit des Optimierers innerhalb der CTM-Architektur hat die Aufgabe semantisches Langzeitwissen aufzubauen[342]. Dabei werden zwei Ziele verfolgt. Zum einen soll der Optimierer in der Lage sein vom Prozess bzw. vom Prozessmodell zu lernen und so die Zeit, die zur Findung optimaler Produktionsparameter benötigt wird, verkürzen. Zum anderen soll die Lernfähigkeit den Optimierer in die Lage versetzen, flexibel auf Drifts oder sprungförmige Änderungen im Produktionsprozess reagieren zu können.

Lernverfahren für diese Aufgabe müssen über eine Form von Rückkopplung über die Wirkung der gewählten Produktionsparameter verfügen. Aus diesem Grund sind unüberwachte Lernverfahren für den Optimierer in CTM nicht geeignet. Prinzipiell einsetzbare Verfahren sind überwachtes Lernen, evolutionäre Verfahren und Reinforcement Learning. Überwachtes Lernen wird im Prozessmodell von CTM für das Training der künstlichen neuronalen Netze eingesetzt. Überwachtes Lernen ist sehr aufwändig, da für das Training stets exakte Messungen der Ausgangsdaten vorgenommen werden müssen. Der Vorteil von überwachtem Lernen ist die Möglichkeit ein Modell zu erzeugen, das Ursache-Wirkungs-Zusammenhänge sehr genau nachbilden kann. Dies ist für das Prozessmodell zwingend notwendig. Der Optimierer jedoch arbeitet auf dem Prozessmodell. Seine Effizienz kann verbessert werden, indem der Optimierer lernt, möglichst schnell korrekte Parameter an das Prozessmodell zu schicken. Da der Optimierer

[336] In Kapitel 5.2.2 wird die Implementierung von Reinforcement Learning in CTM detailliert beschrieben.

[337] vgl. S. 27

[338] C. Igel und B. Sendhof, "Genesis of Organic Computing Systems: Coupling Evolution and Learning," in *Organic Computing*, ed. R. P. Würtz (Berlin: Springer, 2008), S. 148.

[339] Toussaint et al., *Autonomes Lernen (Kurzversion)*: S. 7.

[340] vgl. S. 42

[341] Toussaint et al., *Autonomes Lernen (Kurzversion)*: S. 7f.

[342] vgl. Kapitel 5.1.2

die Möglichkeit besitzt exakte numerische Ausgangswerte durch das Prozessmodell berechnen zu lassen, ist für ihn ein Feedback über Erfolg oder Misserfolg seiner Optimierungsstrategie zur Realisierung einer effektiven und effizienten Lernfähigkeit ausreichend. Zusätzlich zu dem erhöhten Aufwand bieten überwachte Lernverfahren lediglich die Möglichkeit zu beobachten und benötigen zusätzlich einen Supervisor. Diese zusätzliche Instanz muss zum einen die aus den Eingangswerten resultierenden Ausgangswerte zur Verfügung stellen, zum anderen muss der Supervisor die Eingangsparameter so auswählen, dass sie sich für einen effektiven Lernvorgang eignen. Es hat sich gezeigt, dass überwachtes Lernen für interaktive Umgebungen nur sehr bedingt geeignet ist. Ein Agent muss in der Lage sein, direkt aus seinen eigenen Erfahrungen zu lernen[343].

Dieses Paradigma wird neben dem Reinforcement Learning auch von evolutionären Verfahren umgesetzt. Evolutionäre Verfahren sind in der Lage, eigenständig Parameterkombinationen zu variieren (Mutation). Dabei erfolgt eine Auswahl erfolgreicher und erfolgloser Optimierungswege (Selektion). Evolutionäre Methoden sind jedoch nicht in der Lage, den Erfolg einzelner Schritte eines Optimierers zu bewerten. In einem Optimierungsproblem wird besonders bei Prozessketten eine schrittweise Optimierung durchgeführt. Evolutionäre Verfahren ignorieren die einzelnen Schritte einer Optimierung und betrachten lediglich das Endergebnis am Ende der „Lebenszeit" des Optimierungszyklus.[344]

Im Folgenden wird die Implementierung von Reinforcement Learning in CTM vorgestellt und anschließend in Kapitel 6 evaluiert.

5.2.2 Reinforcement Learning zur Akquisition von Erfahrungswissen

Beim Reinforcement Learning erhält der Agent Feedback in Form von Belohnung und Bestrafung. Auf diese Weise baut der Agent eine Wissensbasis auf, die er bei zukünftigen Entscheidungen berücksichtigt. Dabei bezeichnet Reinforcement Learning nicht nur das Erlangen und die situationsbezogene Speicherung von Erfahrungswerten, sondern zusätzlich auch die Strategie des Agenten, zukünftige Entscheidungen durchzuführen.

Beim Reinforcement Learning ist es das Ziel des Agenten Entscheidungen so zu treffen, dass ein Maximum an Belohnung bzw. ein Minimum an Bestrafung erreicht wird. Verfügt ein Agent über eine angelernte Wissensbasis und trifft Entscheidungen anhand der Erfahrung so, dass ein Maximum an Belohnung vorausgesagt wird, bezeichnet man dieses Verhalten als Exploitation.

[343] R. S. Sutton und A. G. Barto, *Reinforcement Learning: An Introduction* (Cambridge: MIT Press, 1998), S. 4.

[344] Ebenda, S. 9.

Ändert sich jedoch die Umwelt des Agenten bzw. im Fall von CTM der zu optimierende Prozess, so trifft der Agent keine optimalen Entscheidungen mehr. Um auf Änderungen zu reagieren bzw. neue, möglicherweise bessere Lösungen zu entdecken, muss ein Agent zu einem bestimmten Prozentsatz Entscheidungen treffen, die von der maximalen Belohnungsvorhersage abweichen. Dieses Verhalten wird Exploration genannt.[345]

Eine Implementierung von Reinforcement Learning bezieht sich also sowohl auf das Lernverfahren als auch auf die darauf aufbauende Entscheidungsstrategie.

Reinforcement Learning ist ein zustandsbasiertes Verfahren. Dabei besitzt ein lernender bzw. handelnder Agent ein definiertes Ziel. Der Agent verfolgt sein Ziel auf Basis innerer Zustände. Ein Zustand $s \in S$ wird dabei von den Eigenschaften der Umwelt bzw. des zu optimierenden Prozesses bestimmt. Dabei ist S die Menge aller Zustände, die auch als Zustandsraum bezeichnet wird. In jedem Zustand hat der Agent die Möglichkeit eine Aktion $a \in A$ auszuführen. Dabei ist A die Menge aller möglichen Aktionen. Durch das Ausführen einer Aktion gelangt der Agent in einen Nachfolgezustand s'. Dies wird durch eine Zustandsübergangsfunktion

$$\delta : S \times A \rightarrow S \tag{5.1}$$

bzw.

$$\delta(s, a) = s' \tag{5.2}$$

beschrieben.[346]

Dabei wird der Produktionsprozess unter Berücksichtigung der Markov-Eigenschaft modelliert. Die Markov-Eigenschaft sagt aus, dass der Zustand eines Agenten nur vom vorausgegangenen Zustand abhängt[347].

$$\delta(s, a \mid s_1, \dots, s_k) = \delta(s, a) \tag{5.3}$$

Dabei beschreibt $s_1, \dots, s_k$ die Folge vergangener Zustände. Für die Anwendung in CTM bedeutet dies, dass die für die Erreichung des Optimierungsziels relevanten Parameter bekannt sein müssen[348] und dem Agenten als Zustandsvariable zur Verfügung stehen müssen. Wenn ein deterministisches System vorliegen würde, wäre der Nachfolgezustand bekannt und durch δ eindeutig definiert. In komplexen Produktionsprozessen existiert jedoch kein deterministisches Prozessmodell, so dass der Agent sich nicht

[345] In Kapitel 5.2.2.4 werden verschiedene Strategien für Exploitation und Exploration aufgezeigt.

[346] O. Kramer, *Computational Intelligence - Eine Einführung*, ed. O. Günther, et al., Informatik im Fokus (Berlin: Springer, 2009), S. 102.

[347] Schenk und Rigoll, *Mensch-Maschine-Kommunikation: Grundlagen von sprach- und bildbasierten Benutzerschnittstellen*: S. 127.

[348] vgl. hierzu den Einsatz von Datamining Methoden zur Identifikation relevanter Parameter auf S. 66

eindeutig sicher sein kann, welcher Zustand nach Ausführung einer Aktion eintritt. Um dennoch zielführende Entscheidungen zu treffen, wird mit Hilfe einer Wahrscheinlichkeitsverteilung der nachfolgende Zustand geschätzt. Dabei ist die Wahrscheinlichkeit mit der aus einem Zustand *s* durch eine Aktion *a* der Zustand *s'* erreicht wird mit $p(s, a, s')$ beschrieben. Der Agent wird durch eine Verhaltensstrategie π (policy) gesteuert.

$$\pi(s) = a \tag{5.4}$$

Diese Verhaltensstrategie liefert zu jedem Zustand *s* eine Aktion *a*.[349]

Damit der Agent zielgerichtet vorgehen kann, werden die erreichten Belohnungen in Form von Belohnungspunkten im Zustandsraum verteilt. Diese Punkte können ein positives Vorzeichen (Belohnung) oder ein negatives Vorzeichen (Bestrafung) besitzen. Die Verteilung der Punkte kann durch eine Belohnungsfunktion modelliert werden.

$$r : S \times A \to R \tag{5.5}$$

Ein Agent, der vom Zustand *s* durch eine Aktion *a* in den Zustand *s'* wechselt, erhält demnach eine Belohnung $r(s, a)$.[350]

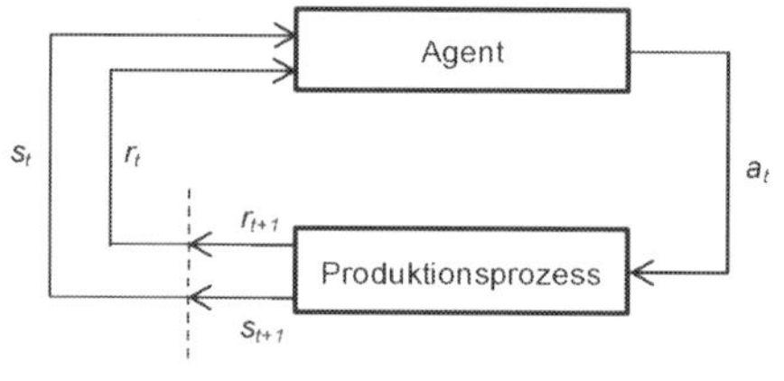

Abbildung 5.4: Interaktion zwischen Agent und Produktionsprozess[351]

In Abbildung 5.4 ist die Interaktion des Agenten mit der Umwelt, also dem Produktionsprozess, dargestellt. Der Agent wirkt mit einer Aktion *a* auf den Produktionsprozess ein. Dieser reagiert mit einer Veränderung des Zustandes *s* und der Belohnung *r*.

Dabei werden jedoch nicht zwangsweise bei jedem neuen Zustand Belohnungspunkte verteilt. Die Verteilung von Belohnungen ist an das Erreichen bestimmter Ziele (Goals) gekoppelt. Durch Goal Funktionen wird festgelegt, in welcher Form bei welchem Zustand Belohnungspunkte verteilt werden. Idealerweise werden Punkte bei Erreichung des finalen Ziels des Agenten verteilt. Im Fall von CTM wäre dies die Produktion eines Bauteils, das die an dieses Bauteil gestellten Anforderungen erfüllt. Allerdings ist es

[349] Kramer, *Computational Intelligence - Eine Einführung*: S. 103f.

[350] Ebenda, S. 104.

[351] Sutton und Barto, *Reinforcement Learning: An Introduction*: S. 52.

auch möglich, Punkte für das Erreichen festgelegter Zwischenziele (Subgoals) zu vergeben. Bei der Benutzung von Subgoals ist jedoch zu beachten, dass der Agent das Ziel verfolgt die Belohnungspunkte zu maximieren. Wenn es dem Agenten möglich ist Punkte für das Erreichen von Subgoals zu sammeln ohne das eigentliche Ziel zu erreichen, kann dies dazu führen, dass der Agent zwar für seine Handlungen belohnt wird, jedoch keine Notwendigkeit sieht, das ursprünglich gesteckte Ziel zu erreichen.

Um dieser Problematik zu begegnen muss bei der Programmierung des Agenten definiert werden, wie weit der Agent für die Maximierung der Belohnungspunkte in die Zukunft schauen soll. Dazu kann der Return *R*, also die gesamte Menge an gesammelten Belohnungspunkten, wie folgt definiert werden:[352]

$$R_t = r_{t+1} + \gamma r_{t+2} + \gamma^2 r_{t+3} + \cdots = \sum_{k=0}^{\infty} \gamma^k r_{t+k+1} \tag{5.6}$$

Durch den Parameter $0 \leq \gamma \leq 1$ wird festgelegt, wie vorrausschauend der Agent agieren soll. Wenn γ den Wert 0 annimmt, berücksichtigt die Strategie des Agenten lediglich Belohnungen, die für die nächste durchzuführende Aktion erreicht werden. Je weiter sich γ dem Wert 1 annähert, desto mehr werden Belohnungen in die Strategie einbezogen, die erst durch zukünftige Aktionen erreicht werden können.

Zur Lösung eines Problems mittels Reinforcement Learning existieren drei Elementare Lösungsmethoden:[353]

- Dynamische Programmierung
- Monte-Carlo-Methode
- Temporal Difference Learning (TD Learning)

Das Ziel dieser Methoden ist das Finden einer optimalen Verhaltensstrategie π, bei der die Summe der Belohnungen maximiert wird.

5.2.2.1 Dynamische Programmierung

Bei der dynamischen Programmierung wird davon ausgegangen, dass dem Agenten der Zustandsraum *S*, die Zustandsübergangsfunktionen $\delta(s, a)$, die zugehörigen Wahrscheinlichkeiten $p(s, a, s')$ und die Belohnungen $r(s, a)$ bekannt sind. Ist dies der Fall, kann der Agent jedem Zustand eine für diesen Zustand maximale Belohnung *V*(s)* zuordnen.

$$V^*(s) = \max_{a \in A}\left(\sum_{S' \in S} p(s, a, s')(r(s, a) + \gamma V^*(s'))\right) \tag{5.7}$$

[352] Ebenda, S. 58.

[353] Ebenda, S. 89.

Mit dieser Information kann er in einem beliebigen Zustand *s* aus der Menge aller möglichen Folgezustände $S' = \bigcup_{a \in A} \delta(s, a)$ den Folgezustand s' mit der maximalen Belohnung zuordnen. Da es sich bei Formel (5.7) um eine rekursive Gleichung handelt, muss in jeder Iteration der Nachfolgezustand *V*(s')* geschätzt werden. Da die Folgezustände mit absoluter Sicherheit bekannt sind, fließen sie um den Diskontierungsfaktor $\gamma < 1$ abgeschwächt in die Berechnung ein.[354]

Die Suche nach der optimalen Strategie läuft in verschiedenen Iterationen ab. Der Algorithmus wird auch als Value Iteration bezeichnet. Den prinzipiellen Ablauf zeigt der folgende Pseudocode:[355]

```
Start
    Initialisiere V(s) = 0 für jeden Zustand s ∈ S;
    Repeat
        Δ = 0;
        Für jeden Zustand s ∈ S
            v = V(s);
            V(s) = max_{a∈A}(∑_{s'∈S} p · (r(s,a) + γ · V(s')));
            Δ = max(Δ, |v − V(s)|);
    Until Δ < θ
End
```

In jeder Iteration erfolgt für alle Zustände eine Aktualisierung der Wertfunktion *V(s)* durch Formel (5.7). Wenn die größte Differenz Δ bei der Anpassung der Zustandswerte *V* innerhalb einer Iteration kleiner ist als ein festzulegender Grenzwert θ, wird der Algorithmus abgebrochen. Die Value Iteration konvergiert gegen eine optimale Strategie[356].

Wenn die Werte *V*(s)* für die maximale Belohnung berechnet sind, kann die optimale Verhaltensstrategie π^* hergeleitet werden.

$$\pi^*(s) = \arg\max_{a \in A}\Big(\sum_{S' \in S} p(s, a, s')(r(s, a) + \gamma V^*(s'))\Big) \quad (5.8)$$

Die optimale Strategie bedeutet hier, der Spur maximaler Zustandswerte zu folgen.[357]

Der Ansatz der dynamischen Programmierung ist sehr effizient und erzielt schnelle Lernerfolge auch in sehr großen Zustandsräumen. Lösungen werden mit Hilfe der dynamischen Programmierung exponentiell schneller gefunden, als es mit linearer Programmierung möglich ist[358]. Jedoch müssen für den Einsatz der dynamischen Programmierung die Übergangswahrscheinlichkeiten und die Belohnungen innerhalb des

[354] Kramer, *Computational Intelligence - Eine Einführung*: S. 105f.

[355] Ebenda, S. 106.

[356] Sutton und Barto, *Reinforcement Learning: An Introduction*: S. 101.

[357] Kramer, *Computational Intelligence - Eine Einführung*: S. 106f.

[358] Sutton und Barto, *Reinforcement Learning: An Introduction*: S. 107.

Zustandsraumes bekannt sein. Dies ist allerdings nur der Fall, wenn ein vollständiges Modell des Zustandsraums existiert. Bei der Regelung komplexer Produktionsprozesse sind diese Zusammenhänge in der Regel nicht oder nur teilweise bekannt, so dass der Einsatz von dynamischer Programmierung in diesem Fall nicht möglich ist.

5.2.2.2 Monte-Carlo-Methode

Eine Möglichkeit Reinforcement Learning ohne ein Modell des Zustandsraumes anzuwenden ist die Monte-Carlo-Methode. Ähnlich wie die Monte-Carlo-Optimierung[359] basiert die Monte-Carlo-Methode im Reinforcement Learning auf Zufallsprozessen. Eine zufällige Exploration des Zustandsraumes erlaubt eine Strategie, die anstelle eines Modells lediglich auf Erfahrungswissen basiert. Dabei sind sowohl Erfahrungen in der realen Umwelt also bspw. dem Produktionsprozess als auch Erfahrungen aufgrund von Simulationen möglich. Um die Funktion *V(s)* zu erlernen, wird der Return einzelner Zustände mehrfach evaluiert und anschließend für die einzelnen Zustände gemittelt.

Ein einfacher Ablauf zur Bestimmung von *V(s)* für eine bestimmte Verhaltensstrategie π gestaltet sich wie folgt[360]:

```
Initialisierung:
   π // zu evaluierende Verhaltensstrategie
   V // eine beliebige Zustands-Wert Funktion
   Returns(s) // eine leere Liste für alle s ∈ S

Repeat
   Generierung eines Ablaufes mit π
   Für jeden Status s innerhalb des Ablaufes
      R // Return für den Status s
      R in Returns(s) einfügen
      V(s) = avg(Returns(s))
End
```

Auf diese Weise kann nach einer bestimmten Anzahl von Durchläufen die Funktion *V(s)* abgeschätzt werden. Dabei ist der größte Unterschied zur dynamischen Programmierung, dass die Abschätzungen bei der Monte-Carlo-Methode für jeden Zustand *s* unabhängig voneinander sind, wohingegen bei der dynamischen Programmierung die Abschätzungen für die einzelnen Zustände aufeinander aufbauen. Die Monte-Carlo-Methode verwendet also kein Bootstrapping[361]. Durch den Verzicht auf

[359] vgl. S. 25

[360] Sutton und Barto, *Reinforcement Learning: An Introduction*: S. 113.

[361] vgl. C.Z. Mooney und R.D. Duval, *Bootstrapping: A nonparametric approach to statistical inference* (Newbury Park: Sage Publications, 1993).

Bootstrapping erlaubt es die Monte-Carlo-Methode, einzelne Zustände s abzuschätzen, ohne dass alle Zustände $s \in S$ bekannt sein müssen.[362]

Steht kein Modell zur Verfügung, ist die Berechnung von Zustandswerten alleine nicht ausreichend. Um eine sinnvolle Strategie berechnen zu können, müssen Belohnungen abhängig von Aktionen berechnet werden. Die Methode zur Berechnung von $r(s,a)$, also der Belohnung in Abhängigkeit vom Zustand s und der Aktion a, erfolgt analog zur Berechnung der Zustandswerte. Dabei ist es jedoch wichtig, dass der Agent ständig neue Zustand-Aktions-Paare evaluiert. Um dies zu erreichen, muss dafür gesorgt werden, dass beim Start eines jeden Ablaufes jedes beliebige Zustands-Aktions Paar und nicht nur bekannte Paare mit einer entsprechenden Belohnung ausgewählt werden.[363]

Um eine optimale Verhaltensstrategie π^* zu finden muss eine ständige Iteration zwischen Abschätzung der Belohnungsfunktion $r(s,a)$ und Verbesserung der Verhaltensstrategie $\pi(s)$ erfolgen.

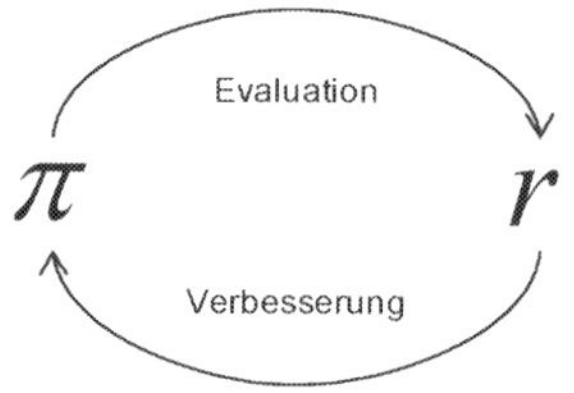

Abbildung 5.5: Iteration zur Verbesserung der Verhaltensstrategie[364]

Diese Iterationen gestalten sich wie folgt:[365]

```
Initialisiere für alle s ∈ S und alle a ∈ A
   r(s,a) // beliebig
   π(s) // beliebig
   Returns(s,a) // leere Liste
Repeat
   Generierung eines Ablaufes mit π
   Für jede Kombination von s und a in diesem Ablauf
      R // die Belohnung für die erste s,a Kombination
      R in Returns(s,a) einfügen
      r(s,a) = avg(Returns(s,a))
   Für alle s in diesem Ablauf
      π(s) = arg max_a r(s,a)
End
```

[362] Sutton und Barto, *Reinforcement Learning: An Introduction*: S. 115.

[363] Ebenda, S. 117.

[364] Ebenda, S. 118.

[365] Ebenda, S. 120.

Obwohl die Monte-Carlo-Methode sehr einfach ist, ist sie im Bereich des Reinforcement Learnings recht neu und kaum erprobt. Gegenüber der dynamischen Programmierung existieren zwei wesentliche Unterschiede: Die Monte-Carlo-Methode benötigt kein Modell des Zustandsraums und eine Abschätzung der Belohnung erfolgt nicht aufgrund anderer, rekursiver Abschätzungen, es wird also kein Bootstrapping[366] durchgeführt.[367]

Die Möglichkeit Reinforcement Learning ohne ein vollständiges Modell des Zustandsraumes durchzuführen, eignet das Verfahren prinzipiell für die Regelung komplexer Produktionsprozesse, für die meist kein vollständiges Modell zur Verfügung steht. Das Fehlen von Bootstrapping erlaubt jedoch immer nur ein aktuelles Paar aus Zustand und Aktion zu bewerten. Besonders für die Regelung von mehrstufigen Produktionsprozessen ist es jedoch wünschenswert, weiter folgende Schritte in die Bewertung einer Aktion einzubeziehen.

Im Folgenden wird mit Temporary Difference Learning ein Verfahren vorgestellt, das das Bootstrapping der dynamischen Programmierung mit der Fähigkeit ohne ein Modell des Zustandsraumes zu arbeiten kombiniert.

5.2.2.3 Temporal Difference Learning

Temporal Difference Learning (TD Learning) ist eine Kombination aus der dynamischen Programmierung und der Monte-Carlo-Methode. Es benötigt kein Modell des Zustandsraumes und ist in der Lage, Belohnungen auf Basis anderer, vorher geschätzter, Belohnungen abzuschätzen – es ermöglicht Bootstrapping. Temporal Difference Learning ist das im Bereich des Reinforcement Learnings am weitesten verbreitete Verfahren. Auch Soar benutzt das Temporal Difference Learning zur Realisierung von Reinforcement Learning.

Um die Funktion *V(s)* abzuschätzen wird wie folgt vorgegangen[368]:

```
Initialisiere V(s) beliebig in Abhängigkeit von π
Repeat // für jeden Ablauf
   Initialisiere s
   Repeat // für jeden Schritt in einem Ablauf
      a = für s von π vorgeschlagene Aktion
      Aktion a ausführen
      Belohnung r beobachten
      Folgezustand s' beobachten
```

[366] Der Begriff Bootstrapping leitet sich von der englischen Redewendung "Pull oneself over a fence by one's bootstraps" ab. In diesem Fall steht er für das Henne-Ei Problem, das vorliegt, wenn Belohnungen auf Basis bereits vergebener Belohnungen abgeschätzt werden.

[367] Sutton und Barto, *Reinforcement Learning: An Introduction*: S. 130f.

[368] Ebenda, S. 135.

```
        V'(s) = V(s) + α[r + γV(s') − V(s)]
        s = s'
    End
End
```

TD Learning erforscht den Zustandsraum wie die Monte-Carlo-Methode, führt aber auch Abschätzungen wie die dynamische Programmierung durch.

Während der Erforschung speichert TD Learning Zustände sowie Belohnungen mit den zugehörigen Aktionen. Dabei wird durch den Agenten eine Q-Tabelle mit Zuständen, Aktionen und den zugehörigen Belohnungen aufgebaut. Nach ausreichender Erforschung erlaubt die Q-Tabelle die Auswahl sinnvoller Aktionen zur Erreichung des gesetzten Ziels. Dabei werden Zustands-Aktions-Paare ausgewertet.[369]

Für die Berechnung der Q-Tabelle sind in Soar zwei Verfahren implementiert: Sarsa und Q-Learning[370].

Bei Sarsa erfolgt die Aktualisierung der Q-Tabelle nach Formel (5.9).

$$Q'(s_t, a_t) = Q(s_t, a_t) + \alpha[r_{t+1} + \gamma Q(s_{t+1}, a_{t+1}) - Q(s_t, a_t)] \quad (5.9)$$

Der vollständige Sarsa Algorithmus läuft nach folgendem Schema ab:[371]

```
Initialisiere Q(s,a) beliebig
Repeat // für jeden Ablauf
    Initialisiere s
    Wähle a in Abhängigkeit von s (Exploration)
    Repeat // für jeden Schritt in einem Ablauf
        Aktion a ausführen
        Belohnung r beobachten
        Folgezustand s‘ beobachten
        Wähle a‘ in Abhängigkeit von s‘ (Exploration)
        Q'(s,a) = Q(s,a) + α[r + γQ(s',a') − Q(s,a)]
        s = s'
        a = a'
    End
End
```

Mit Q-Learning wird die die Q-Tabelle wie folgt berechnet:

[369] Kramer, *Computational Intelligence - Eine Einführung*: S. 110.

[370] vgl. C. J. C. H. Watkins, *Learning from Delayed Rewards* (Cambridge University King's College, 1989).

[371] Sutton und Barto, *Reinforcement Learning: An Introduction*: S. 146.

$$Q'(s_t, a_t) = Q(s_t, a_t) + \alpha \left[r_{t+1} + \gamma \max_a Q(s_{t+1}, a) - Q(s_t, a_t) \right] \tag{5.10}$$

Der zugehörige Algorithmus setzt sich wie folgt zusammen:[372]

```
Initialisiere Q(s,a) beliebig
Repeat // für jeden Ablauf
Initialisiere s
Repeat // für jeden Schritt in einem Ablauf
   Wähle a in Abhängigkeit von s (Exploration)
   Aktion a ausführen
   Belohnung r beobachten
   Folgezustand s' beobachten
   Q'(s,a) = Q(s,a) + α[r + γ max_a' Q(s',a') − Q(s,a)]
   s = s'
End
```

Die Aktualisierung der Q-Tabelle wird anhand der Differenzen der Q-Werte, der Folgezustände und der letzten Schätzung des Q-Wertes durchgeführt. Beim Q-Learning werden die maximalen Q-Werte verwendet, Sarsa verzichtet auf diese Maximumbildung. So ist auch der Name Temporal Difference Learning begründet. Der Einfluss dieser Differenz wird dabei durch den Faktor α gesteuert.

Mit Hilfe der durch Sarsa oder Q-Learning trainierten Q-Tabelle kann auf die optimale Strategie geschlossen werden:[373]

$$\pi^*(s) = \arg\max_{a \in A} Q^*(s, a) \tag{5.11}$$

Die verschiedenen Strategien von Sarsa und Q-Learning führen dazu, dass bei Q-Learning stets die Q-Werte für die Strategie mit maximaler geschätzter Belohnung aktualisiert werden, wohingegen bei Sarsa immer die durch Aktionswahl induzierte Strategie aktualisiert wird. Aufgrund dieses Verhaltens wird die Vorgehensweise in Q-Learning auch als Off-Policy und die in Sarsa auch als On-Policy bezeichnet.

Sowohl Sarsa als auch Q-Learning sind prinzipiell für einen Einsatz in der Produktionsregelung geeignet. Bisher konnte nicht mathematisch gezeigt werden, dass eine Methode besser oder schneller konvergiert als eine andere[374], daher werden in Kapitel 6 Sarsa und Q-Learning für den Anwendungsfall der Regelung komplexer Produktionsprozesse evaluiert.

---

[372] Ebenda, S. 149.

[373] Kramer, *Computational Intelligence - Eine Einführung*: S. 111.

[374] Sutton und Barto, *Reinforcement Learning: An Introduction*: S. 138f.

5.2.2.4 Exploration und Exploitation

Wie eingangs dieses Kapitels erwähnt[375] muss ein Agent zum einen seine Umwelt erforschen, zum anderen muss er zielgerichtet vorgehen, um die an ihn gestellte Aufgabe zu erfüllen. Für den Optimierer in CTM bedeutet dies, dass er zwar möglichst effizient versuchen muss, optimale Parametereinstellungen für den zu regelnden Prozessschritt zu finden, jedoch auch unbekannte, wenig vielversprechende Kombinationen evaluieren muss. Nur durch die Evaluation neuer Parametervariationen kann sichergestellt werden, dass ein globales Optimum gefunden wird und nicht in einem lokalen Optimum verblieben wird. Des Weiteren ermöglicht eine kontinuierliche Exploration des Parameterraums eine schnelle Reaktion auf Änderungen im Produktionsprozess.

Für die Steuerung von Exploration und Exploitation stehen verschiedene Algorithmen zur Verfügung. Für Reinforcement Learning sind die Verfahren Epsilon-Greedy, Boltzmann und Softmax in Soar implementiert.[376]

Bei der Epsilon-Greedy Explorationsstrategie bestimmt der Faktor ε das Verhältnis zwischen Exploration und Exploitation. ε ist dabei die Wahrscheinlichkeit einen zufälligen Operator zu wählen und bei dieser Wahl die Q-Tabelle nicht zu berücksichtigen. ε kann Werte zwischen 0 und 1 annehmen. Bei $\varepsilon=0$ findet keine Exploration statt, bei $\varepsilon=1$ findet keine Exploitation statt.[377] Die Wahrscheinlichkeit für die Wahl eines Operators, der nach der Q-Tabelle die maximale Belohnung verspricht, beträgt demnach:

$$P_{Exploitation} = 1 - \varepsilon \qquad (5.12)$$

Die Wahrscheinlichkeit für die zufällige Wahl eines Operators beträgt

$$P_{Exploration} = \varepsilon \qquad (5.13)$$

Die Verfahren Boltzmann und Softmax besitzen in Soar eine etwas von der Literatur abweichende Nomenklatur.

Das in Soar implementierte Boltzmann-Verfahren[378] ist mit dem Softmax-Verfahren aus der Literatur[379] identisch. In Soar wird das Boltzmann-Verfahren daher auch als „Tempered Softmax" bezeichnet[380].

---

[375] vgl. S. 87

[376] Derbinsky et al., *Soar-RL Manual*: S. 12f.

[377] S. Whiteson, *Adaptive Representations for Reinforcement Learning* (Berlin: Springer, 2010), S. 20.

[378] Derbinsky et al., *Soar-RL Manual*: S. 12.

[379] Sutton und Barto, *Reinforcement Learning: An Introduction*: S. 30.

[380] Derbinsky et al., *Soar-RL Manual*: S. 29.

Das Softmax-Verfahren aus Soar[381] unterscheidet sich von den Verfahren, die in der Literatur als Softmax bezeichnet werden. Im Rahmen dieser Arbeit wird die Nomenklatur aus Soar verwendet.

Beim Boltzmann-Verfahren[382] wird die Bewertung der Aktionen untereinander verglichen. Dieses Verfahren gleicht einen Nachteil der Epsilon-Greedy-Strategie aus, nämlich, dass alle Zustände, die bisher wenig evaluiert worden sind, die gleiche Wahrscheinlichkeit besitzen. Beim Bolzmann-Verfahren ist die Wahrscheinlichkeit $p_\pi(s,a)$ für die Wahl der Aktion *a* im Zustand *s* abhängig vom Nutzen im Vergleich zu allen anderen Zuständen. Die Wahrscheinlichkeit einer Aktion ausgewählt zu werden steigt mit dem Nutzen dieser Aktion. Für die Berechnung der Wahrscheinlichkeiten wird das Boltzmann-Verfahren verwendet:

$$p_\pi(s,a) = \frac{e^{\frac{Q(s,a)}{\tau}}}{\sum_{a' \in A} e^{\frac{Q(s,a')}{\tau}}} \tag{5.14}$$

Der Parameter τ wird als Boltzmann-Temperatur bezeichnet und steuert die Gewichtung der Zustandswerte. Eine hohe Temperatur steht analog für eine starke Schwingung von Molekülen und bedeutet ein stark exploratives Verhalten. Ein hohes τ bewirkt demnach ein ähnliches Verhalten wie ein hohes ε.[383]

Das Softmax-Verfahren in Soar ist sehr stark zufallsbasiert. Dabei werden Zustände mit einer positiven Bewertung anhand numerischer Präferenzen ausgewählt. Bei Zuständen mit einer negativen Bewertung erfolgt die Auswahl rein zufällig. Das Softmax-Verfahren in Soar verfügt über keine Parameter zur Beeinflussung der Explorationsstrategie.[384]

Es ist nicht möglich eine generelle Aussage zu treffen, welche der vorgestellten Explorationsstrategien die beste ist. Die Auswahl einer geeigneten Strategie muss problemabhängig durch Evaluation erfolgen. Ein allgemeiner Vorteil der Epsilon-Greedy-Strategie ist jedoch, dass die Auswahl eines geeigneten ε intuitiver erfolgen kann, als die Auswahl der Temperatur τ beim Boltzmann-Verfahren.[385] [386]

Eine Evaluierung der Explorationsverfahren für den Einsatz von Reinforcement Learning in CTM wird in Kapitel 6 durchgeführt.

---

[381] Ebenda, S. 13.

[382] Also dem „Tempered Softmax“

[383] Kramer, *Computational Intelligence - Eine Einführung*: S. 116f.

[384] Derbinsky et al., *Soar-RL Manual*: S. 13.

[385] Kramer, *Computational Intelligence - Eine Einführung*: S. 117.

[386] Sutton und Barto, *Reinforcement Learning: An Introduction*: S. 31.

5.2.3 Umsetzung von Reinforcement Learning in CTM

In der CTM-Architektur wird die Lernfähigkeit des Optimierers mit Reinforcement Learning realisiert. Die Implementierung von Reinforcement Learning wird in Soar vorgenommen. Die kognitive Architektur Soar bietet mit Soar-RL[387] eine native Integration des Lernverfahrens.

Temporal Difference Learning ist hierbei das einzige durch Soar unterstützte Reinforcement Learning Verfahren. Bzgl. der Lern- und Explorationsalgorithmen bietet Soar jedoch vielfältige Variationsmöglichkeiten.

Die vollständige Integration von Reinforcement Learning erlaubt es dem Soar-Agenten automatisch eine Q-Tabelle $Q(s,a)$ aufzubauen sobald er ausgeführt wird. Der Zustand s ist ein Zustand im Working Memory, dem Kurzzeitgedächtnis von Soar. Eine Aktion a ist bei Soar ein vorgeschlagener Operator. Für jedes Zustands-Aktions-Paar legt Soar einen Wert für die vorausgesagte zukünftige Belohnung ab. Die Ablage der Belohnung erfolgt in Form von Reward-Links. Diese werden automatisch von Soar mit jedem neuen Zustand im Working-Memory angelegt.[388]

Zur Generierung der Zustand-Aktions-Paare existiert in Soar das Werkzeug „Generate Productions". Mit Hilfe dieser Funktion können durch die Verwendung einfacher Regeln umfassende Zustands-Aktions-Tabellen generiert werden. Alle Zustand-Aktions-Paare in einer solchen Tabelle werden durch die Generate Productions mit einem beliebigen Wert (sinnvollerweise 0) initialisiert.

```
gp {name*der*regel
   (state <s> ^name zustandsname
              ^operator <o> +
              ^parameter_1 [1 2 3]
              ^parameter_2 [1 2 3]
              ^parameter_3 [1 2 3])
   (<o> ^name aktionsname
        ^aktionsname [1 2 3 4])
-->
   (<s> ^operator <o> = 0)
}
```

Der obige Soar-Code ist ein Beispiel für Generate Productions. Diese Regeln werden nicht wie sonst in Soar üblich mit einem „sp" für Soar Production, sondern mit einem „gp" für Generate Productions eingeleitet. Durch eine solche Regel werden dem Soar-Agenten die Zustand-Aktions-Paare aufgezeigt, für die eine Q-Tabelle aufgebaut werden soll. In dem angeführten Beispiel besteht ein Zustand aus drei Parametern (parameter_1, parameter_2 und parameter_3), die wiederum selber jeweils drei Zustände

[387] vgl. Derbinsky et al., *Soar-RL Manual*: S. 5f.

[388] Ebenda.

(1, 2 und 3) annehmen können. Insgesamt sind also $3^3 = 27$ verschiedene Zustände möglich. Aus jedem Zustand heraus sind vier verschiedene Aktionen möglich (1, 2, 3 und 4). Es ergeben sich demnach $27 \cdot 4 = 108$ mögliche Zustand-Aktions-Paare, die durch diese Regel initialisiert werden. Die eigentliche Initialisierung erfolgt durch die letzte Zeile mit dem Wert 0. Die Benutzung der Generate Productions bietet sich immer dann an, wenn die möglichen Zustand-Aktions-Paare schon während der Entwicklung des Soar-Agenten bekannt sind. Da dies bei der Regelung eines Produktionsprozesses der Fall ist, ist ein Einsatz von Generate Productions möglich. Andernfalls ist es mit Soar auch möglich, die Q-Tabelle dynamisch zur Laufzeit zur erstellen. Dies resultiert jedoch in einer signifikanten Reduktion der Performance des Agenten[389].

Die Art und Weise, wie im Ablauf des Soar-Programms die Belohnungen verteilt werden, wird durch die Programmierung jedes individuellen Soar-Agenten festgelegt. Dazu ist im Soar-Code eine sogenannte Goal Funktion notwendig. Diese Goal Funktion knüpft das Erreichen bestimmter Zielzustände an die Vergabe von Belohnungspunkten.

```
sp {name*der*regel
   (state <s> ^name Zustandsname
              ^reward-link <r1>
              ^ergebnis <erg>)
   (<erg>     ^wert_1 {<erg_1> = 2}
              ^wert_2 {<erg_2> = 4}
   )
-->
   (<r1> ^reward.value 10)
}
```

In diesem Beispiel ist die Vergabe der Belohnungspunkte an den Zustand des Objektes „ergebnis" gebunden. Wenn das Element „wert_1" den Wert 2 und das Element „wert_2" den Wert 4 annimmt, ist der Bedingungsteil der Regel erfüllt, und die im Aktionsteil der Regel definierten Belohnungspunkte (in diesem Fall 10) werden vergeben. Diese verteilen sich dann abhängig vom gewählten Lernalgorithmus (bspw. Q-Learning) über die getroffenen Entscheidungen, also über die Zustand-Aktions-Paare, die zur Erreichung des Ziels durchlaufen wurden. Der Wert der zu verteilenden Belohnungspunkte kann eine beliebige rationale Zahl sein.[390]

Die Möglichkeit, die Vergabe von Belohnungspunkten gezielt an klar definierte Zustände zu koppeln sowie die Möglichkeit, beliebige, auch negative Werte zu vergeben, gestattet eine maximale Flexibilität bei der Steuerung des Lernverhaltens des Agenten. Es existiert jedoch keine allgemeingültige Vorgehensweise zur Bestimmung idealer

[389] Ebenda, S. 10.

[390] vgl. Ebenda, S. 7

Belohnungszustände und Belohnungswerte. Daher muss problemabhängig eine passende Strategie entwickelt und evaluiert werden.

Um CTM an unterschiedliche Produktionsprozesse anzupassen, können verschiedene Lern- und Explorationsalgorithmen ausgewählt werden. Um diese Auswahl auch während der Laufzeit zu ermöglichen, ohne dass der Soar-Code verändert werden muss, ist eine entsprechende Steuerung über SML[391] durch das Koordinationsmodul implementiert. Durch den Befehl:

```
indifferent-selection <policy>
```

kann zwischen den Explorationsalgorithmen Epsilon-Greedy, Boltzmann und Softmax gewählt werden. Nach der Auswahl eines Algorithmus wird mit dem Befehl:

```
indifferent-selection <parameter command> <value>
```

der Wert für ε bzw. für τ festgelegt. Für ε können Werte zwischen 0 und 1 und für τ zwischen 0 und ∞ gewählt werden.[392] Die dynamische Steuerung der Parameter zur Laufzeit erlaubt CTM eine automatisierte Anpassung der Werte sobald Änderungen im zu regelnden Produktionsprozess auftreten. Eine verstärkte Exploration bei Änderungen im Prozess erlaubt eine schnellere Anpassung des Agenten an die Änderung.

Ebenfalls über die SML Schnittstelle des Koordinationsmoduls können das Lernverfahren, die Lernrate und die Discount Rate (vgl. Parameter γ in Formel (5.6)) festgelegt bzw. variiert werden. Der zugehörige Soar-Befehl ist:

```
rl [-s|--set] <parameter> <value>
```

Zur Festlegung des Lernverfahrens dient der Parameter learning-policy. Als Wert sind „sarsa" oder „q-learning" möglich. Also folgende Befehle:

```
rl -s learning-policy sarsa
rl -s learning-policy q-learning
```

Analog kann die Lernrate mit dem Paramter „learning-rate" und Werten zwischen 0 und 1 eingestellt werden. Der Parameter für die Discount Rate γ ist „discount-rate", mögliche Werte liegen ebenfalls zwischen 0 und 1.[393]

Auch für die Wahl dieser Parameter gibt es keine allgemeingültige Vorgehensweise. Daher erfolgt in Kapitel 6 eine entsprechende Evaluation für den Einsatz in der Produktionsregelung.

---

391 vgl. S. 72

392 vgl. Derbinsky et al., *Soar-RL Manual*: S. 12f.

393 vgl. Ebenda, S. 28.

5.3 Strategie zur wissensbasierten Entscheidungsfindung und Optimierung

Das Ziel bei der Entwicklung von CTM ist eine Prozessregelung, die zum einen in der Lage ist auch komplexe Prozesse ohne ein analytisches Modell regeln zu können, zum anderen soll sie über eine inhärente Lernfähigkeit über ein hohes Maß an Flexibilität und Wandlungsfähigkeit verfügen.

In Abbildung 5.3 ist das Lernkonzept von CTM schematisch dargestellt. Für eine wissensbasierte Entscheidungsfindung des Optimierers ist neben den durch die Programmierung festgelegten Soar-Produktionen das semantische Langzeitgedächtnis von zentraler Bedeutung. Dieser Teil des Soar-Gedächtnisses wird durch Reinforcement Learning mit Informationen aufgebaut.

Durch das Zusammenspiel aus Expertenregeln und gelerntem Wissen verfügt CTM über eine dynamische Optimierungsstrategie. Zu Beginn der Optimierung sind keine Präferenzen für bestimmte Entscheidungen vorhanden. Der Optimierer trifft innerhalb des durch die Soar-Produktionen definierten Problemraums zufällige Entscheidungen. Wird ein Zustand erreicht, in dem das Optimierungsziel erfüllt ist, erfolgt erstmalig ein Lernvorgang durch Reinforcement Learning. Wenn der Optimierer sich in einem zukünftigen Durchlauf in einer identischen Ausgangssituation befindet, kann er von dem gelernten Wissen profitieren. Startet ein zukünftiger Durchlauf mit einer neuen Ausgangssituation, so erfolgt die Entscheidungsfindung wiederrum rein zufällig.

Das anfängliche zufällige Verhalten des CTM-Optimierers bildet die Strategie einer Monte-Carlo-Optimierung[394] nach. Dieses Verhalten ist sehr robust, und es ist in der Lage, globale Optima ohne ein analytisches Modell zu finden. Lediglich die Effizienz des Verfahrens ist nicht optimal[395].

Bei jedem Durchlauf des Optimierers werden durch Reinforcement Learning kontinuierlich Entscheidungspräferenzen aufgebaut. Diese führen mit der Laufzeit des Optimierers zu einem kontinuierlichen Wandel der Optimierungsstrategie. Das Verhalten des angelernten Optimierers lässt sich sowohl mit evolutionären Verfahren als auch mit Simulated Annealing vergleichen[396]. Die gelernten Präferenzen für bestimmte Entscheidungen haben ähnlichen Effekt wie die Selektion bei den evolutionären Verfahren. Einzelne Entscheidungen verfügen über eine höhere „Fitness" und werden daher bevorzugt. Die Exploration hingegen lässt sich mit den Mechanismen des Simulated Annealing vergleichen. Mit der Boltzmann Temperatur wird bei beiden Verfahren auf identische Mechanismen zurückgegriffen. Beim Simulated Annealing wird durch die

---

[394] vgl. S. 25

[395] Schumacher, *Optimierung mechanischer Strukturen: Grundlagen und industrielle Anwendungen*: S. 88.

[396] vgl. S. 27

Schwingungen, bzw. durch die Exploration verhindert, dass der Optimierer in einem lokalen Optimum verharrt. Der CTM-Optimierer stellt auf dieselbe Weise sicher, dass trotz einer zufriedenstellenden Lösung weiter nach Verbesserungen gesucht wird, und dass der Optimierer in der Lage ist, auf Veränderungen im Prozess zu reagieren.

Die Möglichkeit, die Parameter für Reinforcement Learning zur Laufzeit zu ändern[397], erlaubt die Ausrichtung des Optimierers im Bedarfsfall anzupassen. Wird nach einer Änderung im Prozess, bspw. bei einem Chargenwechsel bei dem zu bearbeitenden Rohmaterial, die Explorationsrate erhöht, verschiebt sich das Verhalten des Optimierers wieder in Richtung eines Monte-Carlo-Optimierers. Wird nach ausreichendem Nachlernen die Explorationsrate wieder gesenkt, so arbeitet der CTM-Optimierer wieder angelehnt an ein evolutionäres Verfahren. Interessant, besonders in mehrstufigen Prozessen, ist eine Anpassung der Discount Rate. Sie lässt den Optimierer auf der Suche nach Belohnungspunkten mehr oder weniger weit in die Zukunft blicken. Besonders bei der Optimierung mehrstufiger Prozesse sollte der Optimierer für eine Entscheidung auch nachfolgende Schritte berücksichtigen.

Durch den Einsatz von Reinforcement Learning werden Entscheidungspräferenzen für einzelne Zustand-Aktions-Paare aufgebaut. Bei der Regelung eines Produktionsprozesses ist es wünschenswert, dass der Optimierer nicht nur aus identischen Ausgangssituationen, sondern auch aus ähnlichen, leicht abweichenden Ausgangssituationen lernen und so auf eine optimale Entscheidung schließen kann.

Um dieses Verhalten zu erreichen, werden in CTM zwei Maßnahmen ergriffen. Die Menge der Ausgangszustände einer Regelung werden in diskrete Klassen eingeteilt, und die Vergabe der Belohnungspunkte berechnet sich dynamisch aus dem Grad der Zielerreichung.

Die Klassifizierung der Ausgangszustände ermöglicht es, dass sehr ähnliche Zustände auf dieselbe angelernte Wissensbasis zugreifen können. Die Größe der einzelnen Klassen muss jeweils an den zu regelnden Prozess angepasst werden. Je stärker das Prozessergebnis auf kleine Änderungen des Ausgangszustandes reagiert, desto mehr Klassen werden für eine exakte Regelung benötigt.

Um eine dynamische Verteilung der Belohnungspunkte in Abhängigkeit des Zielerreichungsgrades zu erreichen, verfügt CTM über eine entsprechende Dynamisierung. Die Belohnungspunkte r berechnen sich in Abhängigkeit der Differenz der Regelgröße zum Sollwert:

$$r = \frac{\max r}{(\mathrm{diff} + 1) \cdot (\mathrm{diff} + 1)} \tag{5.15}$$

Auf diese Weise kann zwischen Ergebnissen unterschieden werden, die innerhalb der Toleranz zur Funktionserfüllung liegen.

---

[397] vgl. Kapitel 5.2.3

Der Lernvorgang des CTM-Optimierers arbeitet sowohl auf Basis von gemessenen Prozessergebnissen als auch auf Basis der Daten, die das Prozessmodell an den Optimierer liefert. Den größten Beitrag bilden hierbei die Daten des Prozessmodells. Dieses Verfahren bietet den Vorteil, dass ohne hohen Messaufwand zahlreiche Daten zum Anlernen des Optimierers generiert werden können. Nachteilig kann eine eventuelle Diskrepanz zwischen dem Modell und der Realität sein. In der Literatur wird diese Abweichung auch als Realitätslücke beschrieben[398]. Es hat sich jedoch gezeigt, dass in der Praxis mit solchen simulationsbasierten Lernvorgängen sehr gute Resultate erzielt werden können[399].

[398] Kramer, *Computational Intelligence - Eine Einführung*: S. 113.

[399] Sutton und Barto, *Reinforcement Learning: An Introduction*: S. 111.

6 Evaluation des entwickelten Konzeptes

6.1 Konzeption der Evaluation

Zur Evaluation von Cognitive Tolerance Matching wird das Konzept an zwei Anwendungsfällen erprobt.

Der erste Anwendungsfall ist eine Welle-Nabe-Verbindung, die so produziert werden soll, dass sie ein festgelegtes Mindestdrehmoment übertragen jedoch bei Erreichung eines Maximaldrehmoments durchrutschen soll. Mit Hilfe von CTM soll die Produktion der Welle-Nabe-Verbindung so geregelt werden, dass Mindest- und Maximaldrehmoment mit möglichst geringer Abweichung erreicht werden.

Als zweiter Anwendungsfall wird ein reales industrielles Szenario herangezogen. CTM wird in der Hinterachsgetriebeproduktion der BMW Group eingesetzt. Das Ziel ist, die Produktion so zu regeln, dass der vom Hinterachsgetriebe in den Fahrzeuginnenraum abgestrahlte Schall minimiert wird, also akustisch auffällige Getriebe vermieden werden.

Durch die Evaluation soll zum einen die Funktionsfähigkeit des CTM-Konzeptes praktisch nachgewiesen werden, zum anderen sollen die in Kapitel 5.2.2 vorgestellten Lern- und Explorationsverfahren des Reinforcement Learnings in Bezug auf Ihre Praktikabilität in der Produktionsregelung erprobt und verglichen werden.

Im Rahmen dieser Arbeit liegt der Schwerpunkt auf dem CTM-Optimierer. Die Güte und Effizienz der Modelle wird in der Evaluation nicht untersucht. Die Modelle werden vorab anhand von Versuchsdaten aufgebaut. Es wird von einer hinreichenden Güte der Modelle ausgegangen, so dass diese als black-box betrachtet werden.

Zur Evaluation wird für jedes der beiden Szenarien ein angepasster CTM-Software Prototyp erstellt. Die Software ist so programmiert, dass vorbereitete Eingangsdaten aus einer MS Excel Datei eingelesen werden, und die Ausgangsdaten wiederum in Excel importiert werden können. Der Optimierer protokolliert jeden Parametervorschlag, so dass bei der Versuchsauswertung die Effizienz des Optimierers festgestellt werden kann. Je weniger Vorschläge der Optimierer bis zur Findung geeigneter Produktionsparameter benötigt, desto effizienter arbeitet er.

Vor der eigentlichen Bewertung des Optimierers erfolgt eine Anlernphase, die es dem Optimierer erlaubt, eine Q-Tabelle aufzubauen. Es werden die beiden Lernmethoden Sarsa und Q-Learning verglichen. Des Weiteren werden mit Epsilon-Greedy, Boltzmann und Softmax drei Techniken zur Exploration auf ihre Funktionalität in den beiden Anwendungsfällen untersucht. Dabei wird der Schwerpunkt der Versuche auf die fortschrittlicheren Verfahren Epsilon-Greedy und Boltzmann gelegt. Für diese beiden Verfahren werden mit ε bzw. mit τ die Parameter zur Steuerung der Stärke der Exploration variiert.

Zusätzlich wird die Flexibilität des Optimierers geprüft. Zu diesem Zweck wird in einer laufenden Versuchsreihe das zu Grunde liegende Modell verändert. Auf diese Weise soll die Reaktion des Optimierers auf eine Änderung im Produktionsprozess simuliert werden. Nach der Modelländerung werden der Anstieg der benötigten Parametervorschläge und die Anpassungsgeschwindigkeit des Optimierers auf die Modelländerung gemessen. Bei diesen Versuchen erfolgt außerdem eine Variation der Lernrate. Bei den Versuchen ohne eine Änderung des Modells werden die Messungen bei einem bereits trainierten System durchgeführt, so dass eine Variation der Lernrate in diesem Fall keinen Einfluss hätte.

Da der Optimierer als ein kognitives System realisiert ist, können Schwankungen in der Effektivität und der Effizienz auftreten. Durch die stochastische Entscheidungsfindung ist es nicht möglich, in Versuchen mit denselben Rahmenbedingungen identische Ergebnisse zu erzielen. Um diese natürlichen Schwankungen in der Versuchsauswertung auszugleichen, werden sämtliche Versuche mehrfach wiederholt und in den Diagrammen zur Versuchsauswertung die Durchschnittswerte der Ergebnisse aufgetragen.

6.2 Produktion einer Welle-Nabe-Verbindung zur Evaluation von Cognitive Tolerance Matching

Die zur Evaluation von CTM entworfene Welle-Nabe-Verbindung ist eine Verbindung von zwei Naben auf einer Welle. Die beiden Naben werden über Bolzen miteinander gekoppelt, so dass das von beiden Naben gemeinsam auf die Welle übertragene Drehmoment gemessen werden kann.

Abbildung 6.1: Welle-Nabe-Verbindung

In Abbildung 6.1 ist der Aufbau der Verbindung schematisch dargestellt. Nabe 1 ist über einen Kegelpressverband mit der Welle verbunden. Das maximal übertragbare Drehmoment dieser Teilverbindung ist neben den Material- und Konstruktionsparametern über das Anzugsdrehmoment der Schraube bestimmt, mit der die Nabe auf die Welle gepresst wird. Die Nabe 2 ist durch ein Drei-Backen-Spannfutter mit der Welle verbunden. Die Festigkeit dieser Verbindung wird über das Material der Spannbacken und das Anzugsdrehmoment der Schrauben für die einzelnen Backen bestimmt.

6.2.1 Ablauf der Regelung

Die einzelnen Produktionsparameter zur Beeinflussung des durch die Verbindung übertragbaren Drehmoments werden dynamisch durch die CTM-Software berechnet. Dazu wird der Montageprozess der Verbindung in verschiedene Teilprozesse aufgeteilt und schrittweise durch CTM gesteuert. Die einzelnen Schritte sind:

- Nabe 1 wird jeweils vorgegeben
- Auswahl einer Welle
- Montage des Kegelpressverbandes
- Optional: Messung des bereits durch Nabe 1 erreichten Drehmoments
- Auswahl der Spannbacken
- Montage des Drei-Backen-Spannfutters

Der Ablauf der Optimierung lässt sich durch folgenden Pseudocode beschreiben:

```
Nabe 1 ist vorgegeben
Einlesen: Winkel Nabe 1
Einlesen: Rauheit Nabe 1
Einlesen: Material Nabe 1
Repeat until übertragenes Dehmoment Nabe 1 OK
    Soar-Entscheidung: Winkel Welle
    Soar-Entscheidung: Material Welle
    Soar-Entscheidung: Vorschub, Schnittgeschwindigkeit und
    Schnitttiefe zur Fertigung der Welle
    Soar-Entscheidung: Montagedrehmoment Nabe 1
    Prozessmodell: Übertragenes Drehmoment Nabe 1 bestimmen
End
Soar-RL: Positive Belohnung
Prozessmodell: Rauheit der Welle bestimmen
Repeat until übertragenes Gesamtdrehmoment OK
    Soar-Entscheidung: Montagedrehmoment Nabe 2
    Prozessmodell: Übertragenes Gesamtdrehmoment bestimmen
End
Soar-RL: Positive Belohnung
```

In dem Optimierungsablauf finden sich zwei Schleifen, in denen der Soar-Optimierer nach geeigneten Produktionsparametern sucht.

Zu Beginn der ersten Schleife erfolgen Entscheidungen über den zu drehenden Winkel und das Material der Welle. Diese beiden Entscheidungen sind durch Soar-Regeln eindeutig definiert. Der Optimierer hat keine Freiheitsgrade beim Entscheiden. Die folgenden Entscheidungen über die Maschinenparameter für das Drehen des Presssitzes auf der Welle und das Montagedrehmoment beeinflussen das übertragbare Drehmoment der Nabe 1. Der Optimierer wählt Vorschub, Schnittgeschwindigkeit, Schnitttiefe und das Montagedrehmoment in Abhängigkeit der Kennwerte von Nabe 1 sowie in Abhängigkeit von Winkel und Material der Welle aus.

Diese Entscheidung wird durch Reinforcement Learning unterstützt. Die Kennwerte von Nabe 1 sowie Winkel und Material der Welle beschreiben den momentanen Zustand des Soar-Agenten. Vorschub, Schnittgeschwindigkeit, Schnitttiefe und das Montagedrehmoment stellen die auszuführende Aktion der Q-Tabelle dar.

Auf Basis der von Soar getroffenen Entscheidung simuliert das Prozessmodell die Fertigung des Presssitzes auf der Welle und liefert eine Prognose des durch Nabe 1 übertragbaren Drehmoments zurück. Soar bewertet die Prognose und generiert so lange neue Parametervorschläge, bis das vom Prozessmodul zurückgelieferte Drehmoment innerhalb der gewünschten Grenzen liegt. Für das erfolgreiche Auffinden einer zielführenden Parameterkombination werden über eine als Soar-Regel implementierte Goal Funktion Belohnungspunkte vergeben.

Bevor in der zweiten Schleife das Montagedrehmoment für Nabe 2 berechnet wird, bestimmt das Prozessmodell die aus den eben berechneten Fertigungsparametern die resultierende Rauheit der Welle. Diese bildet mit dem Material der Welle und dem durch Nabe 1 übertragbaren Drehmoment den Ausgangszustand zur Berechnung des Montagedrehmoments für Nabe 2.

Das Montagedrehmoment für Nabe 2 wird nun in analoger Weise wie die Parameter in der ersten Schleife durch den Soar-Agenten bestimmt. Der Soar-Optimierer macht so lange Vorschläge für das Montagedrehmoment der Nabe 2, bis das Prozessmodell für einen Vorschlag ein übertragbares Gesamtdrehmoment zurückliefert, das innerhalb der gewünschten Grenzen liegt. Je nach Güte des erzielten Ergebnisses wird die zu verteilende Anzahl an Belohnungspunkten berechnet[400,401].

6.2.2 Verhalten des Optimierers im angelernten Zustand

Zur Evaluation des Optimierers wird die durchschnittliche Anzahl der insgesamt benötigten Vorschläge des Soar-Agenten gemessen. Im Beispiel der Welle-Nabe-Verbindung werden Optimierungsschleifen für die Nabe 1 und die Nabe 2 durchlaufen. Für die Auswertung werden die für beide Schleifen insgesamt benötigten Durchläufe gemessen. Demnach können zwei benötigte Versuche nicht unterschritten werden.

Für die folgenden Versuche wurde der Optimierer durch das Modell bereits angelernt. Er befindet sich in einem stabilen Betriebszustand.

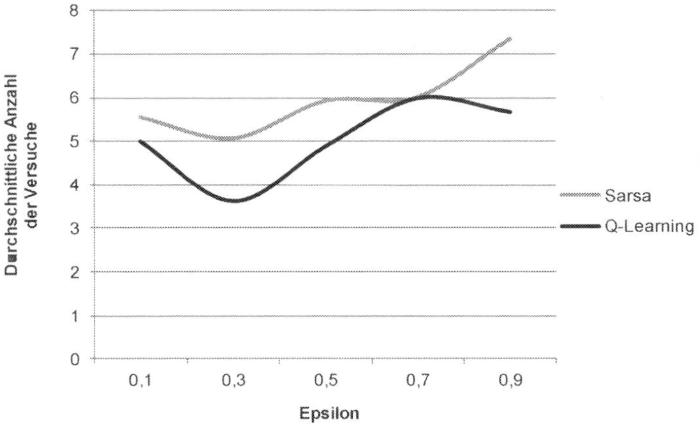

Abbildung 6.2: Angelernter Zustand – Epsilon-Greedy-Exploration

[400] vgl. Kapitel 5.3

[401] Im Rahmen des Projektes wurden die Versuche durch Messungen begleitet, so dass auch die verwendeten Modelle zur Laufzeit nachtrainiert werden konnten. In dieser Arbeit liegt der Schwerpunkt auf dem Optimierer, so dass nur das Lernen des Optimierers auf Basis der vom Prozessmodell zur Verfügung gestellten Daten betrachtet wird.

In den Versuchen aus Abbildung 6.2 ist die durchschnittliche Anzahl der Optimierungsversuche bei Verwendung des Epsilon-Greedy-Explorationsalgorithmus dargestellt. Dabei erfolgt eine Variation des Explorationswertes ε. Im Diagramm sind die beiden Lernalgorithmen Sarsa und Q-Learning gegenübergestellt.

Die Versuche zeigen, dass im Fall der hier untersuchten Welle-Nabe-Verbindung ein optimaler Explorationswert mit ε=0,3 erreicht wird. Zusätzlich ist im Fall der Epsilon-Greedy Exploration Q-Learning gegenüber dem Sarsa-Algorithmus durchgehend überlegen. Lediglich bei einem Wert für ε=0,7 zeigen beide Lernverfahren dieselbe Leistungsfähigkeit. Im Optimum mit ε=0,3 ist die Differenz der Lernverfahren am größten. Sarsa benötigt durchschnittlich 5,07 Versuche, wohingegen Q-Learning lediglich 3,63 Versuche benötigt. Q-Learning stellt gegenüber Sarsa hier eine Verbesserung um 28,4% dar.

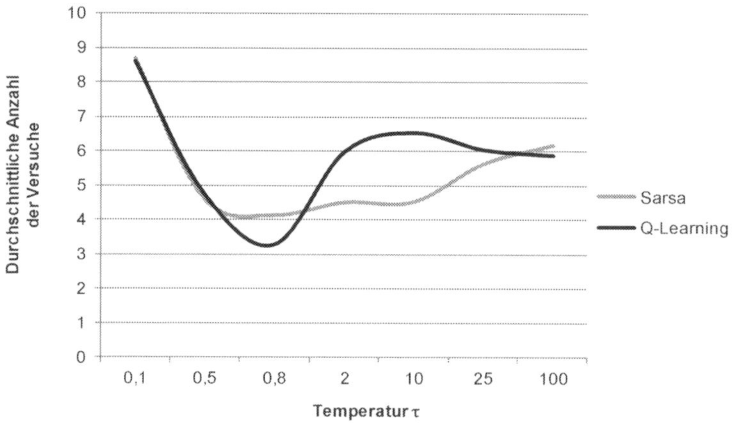

Abbildung 6.3: Angelernter Zustand – Boltzmann-Exploration

In Abbildung 6.3 ist der Vergleich von Q-Learning und Sarsa unter Verwendung der Boltzmann-Exploration dargestellt. Auch hier ist ein klares Optimum erkennbar. Bei der Temperatur τ=0,8 werden mit dem Q-Learning-Verfahren durchschnittlich 3,27 Versuche benötigt. Dies bedeutet eine 10% Verbesserung gegenüber dem Epsilon-Greedy-Verfahren. Bei Verwendung der Boltzmann-Exploration ist der Unterschied der verwendeten Lernverfahren weniger deutlich. Im Optimum bei τ=0,8 bietet Q-Learning einen Vorteil von 21%. Bei Temperaturen zwischen 1 und 50 hingegen ist Sarsa der effizientere Algorithmus.

Unter Verwendung des Softmax Algorithmus benötigt der Optimierer mit Q-Learning durchschnittlich 5 und mit Sarsa durchschnittlich 6,5 Versuche[402].

Die Ergebnisse zeigen, dass auch in einem bereits angelernten Zustand ein gewisses Maß an Exploration zur Findung optimaler Lösungen zwingend notwendig ist. Jedoch sinkt die Effizienz des Optimierers auch mit einem zu hohen Wert für die Exploration. In diesem Fall wird das gelernte Wissen zu wenig genutzt.

6.2.3 Reaktion des Optimierers auf eine Prozessänderung

Um die Flexibilität des Optimierers in Bezug auf eine Veränderung des zu optimierenden Prozesses zu überprüfen, wird die Reaktion eines angelernten Optimierers auf eine Veränderung des Prozessmodells gemessen.

In den folgenden Versuchen werden ab dem Durchlauf Nr. 160 von Ergebnis des Modells zur Vorhersage des Gesamtdrehmoments 3,5 Nm abgezogen. Das entspricht etwa der Hälfte der Toleranzbreite des zulässigen Gesamtdrehmoments von 6 Nm. Dementsprechend stellt der Eingriff eine nennenswerte Veränderung des zu optimierenden Prozesses dar.

Zur besseren Anschaulichkeit der Ergebnisse werden für die Darstellung der Anzahl der Versuche Durchschnittswerte verwendet.

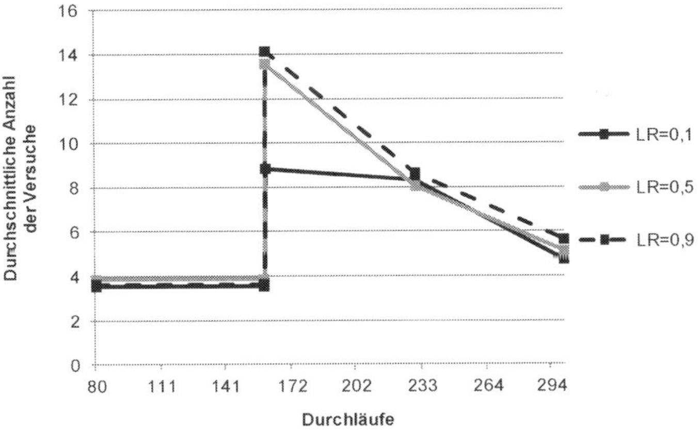

Abbildung 6.4: Boltzmann-Exploration - τ=0,8 (Durchschnittswerte)

[402] Da das Softmax Verfahren über keine variierbaren Parameter verfügt wird auf eine Diagrammdarstellung verzichtet.

In Abbildung 6.4 ist der Anstieg der benötigten Versuche zum Zeitpunkt der Prozessvariation deutlich zu erkennen. In dem Diagramm sind einzelne Verläufe für verschiedene Lernraten dargestellt. Eine hohe Lernrate resultiert in einem stärkeren Anstieg der benötigten Versuche. Nach einigen Durchläufen gleichen sich jedoch die Resultate der einzelnen Lernraten aneinander an.

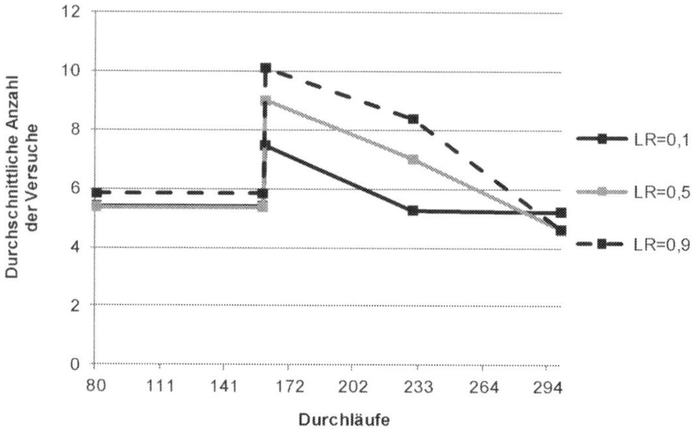

Abbildung 6.5: Boltzmann-Exploration - τ=5 (Durchschnittswerte)

In Abbildung 6.5 wird die Boltzmann Temperatur auf τ=5 erhöht. Der Agent verstärkt also seine Exploration. Der Vergleich mit Abbildung 6.4 zeigt ein deutlich besseres Reaktionsverhalten auf eine Änderung des Produktionsprozesses. Der Agent verlässt sich weniger auf gelerntes Wissen und erprobt mehr neue Lösungsmöglichkeiten. Die höhere Exploration zeigt zwar eine bessere Anpassungsfähigkeit an Prozessvariationen, dieser Vorteil wird jedoch durch eine Verschlechterung der Effizienz im angelernten Zustand erkauft. Auch in dieser Konfiguration ist ein stärkerer Ausschlag bei der Verwendung einer höheren Lernrate deutlich erkennbar.

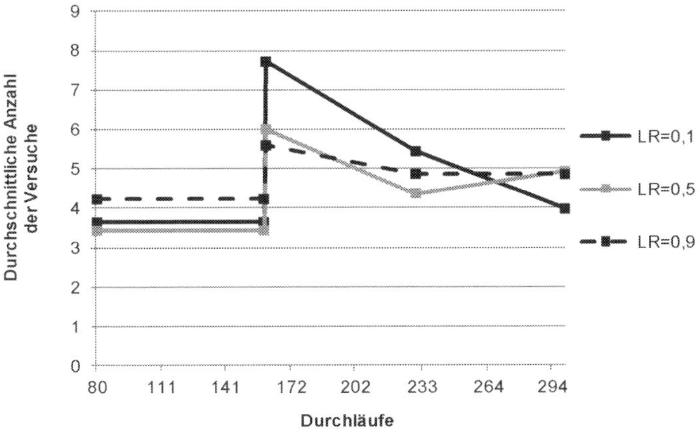

Abbildung 6.6: Epsilon-Greedy-Exploration - ε=0,3 (Durchschnittswerte)

Das Verhalten des Agenten bei Verwendung des Epsilon-Greedy-Verfahrens bei ε=0,3 zeigt Abbildung 6.6. Der Ausschlag bei der Prozessvariation fällt hier weniger stark aus als bei der Boltzmann-Exploration. Im Gegensatz zu den anderen Versuchsreihen wird in diesem Fall durch eine höhere Lernrate ein geringerer Anstieg der Durchläufe erzielt.

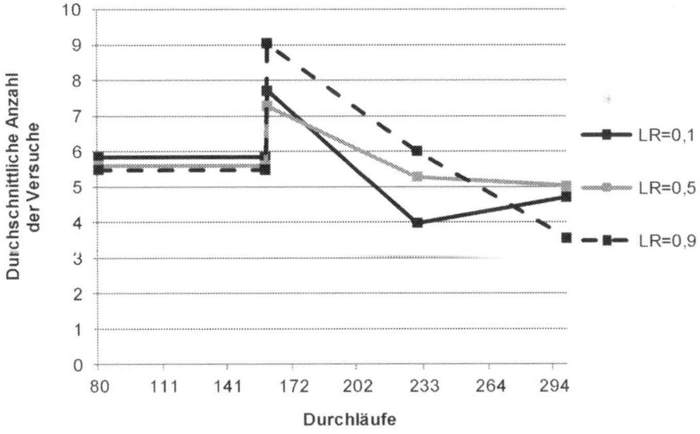

Abbildung 6.7: Abbildung 6.8: Epsilon-Greedy-Exploration - ε=0,5 (Durchschnittswerte)

Eine Erhöhung von ε auf 0,5 ist in Abbildung 6.7 dargestellt. Der Einfluss der Lernrate folgt in diesem Fall keinem klaren Muster. Im Gegensatz zu ε=0,3 zeigt sich ein vergleichsweise höherer Ausschlag zum Zeitpunkt der Variation, jedoch ein schnelleres und besseres Reaktionsverhalten nach dem Ausschlag.

6.2.4 Zusammenfassung der Versuchsergebnisse

Die Versuche zeigen, dass Cognitive Tolerance Matching zur Produktionsregelung der Welle-Nabe-Verbindung geeignet ist. Das System verfügt über keine Implementierung von Expertenwissen. Sämtliches Wissen über die Ursache-Wirkung-Zusammenhänge der Welle-Nabe-Verbindung wurden durch CTM erlernt.

In den Soar-Regeln sind lediglich die Grenzen zur Variation der einzelnen Produktionsparameter vorgegeben.

Im stabilen angelernten Zustand werden die besten Ergebnisse unter Verwendung der Boltzmann-Exploration mit τ=0,8 und Q-Learning als Lernalgorithmus erzielt. Eine Bewertung der einzelnen Parameter für die Reaktion des Optimierers auf eine Prozessvariation ist nicht so eindeutig durchführbar. In den Versuchen zeigt die Epsilon-Greedy-Exploration ein robusteres Verhalten bei Änderungen im Prozess. Das Anpassungsverhalten des Optimierers verbessert sich zusätzlich mit einer Erhöhung des Anteils an Exploration. Sowohl die Verwendung des Epsilon-Greedy-Verfahrens als auch eine Erhöhung der Explorationsrate führt jedoch zu einer Verschlechterung der Optimierungsperformance im angelernten und stabilen Zustand.

Eine Variation der Lernrate zeigt keine eindeutigen Ergebnisse. Ob eine Verbesserung oder eine Verschlechterung der Optimierungsperformance resultiert, ist von dem verwendeten Explorationsalgorithmus abhängig.

6.3 Einsatz von Cognitive Tolerance Matching in der Hinterachsgetriebeproduktion der BMW Group

Mit dem Einsatz in der Hinterachsgetriebeproduktion erfolgt die Erprobung von Cognitive Tolerance Matching anhand eines realen industriellen Problems.

6.3.1 Ausgangssituation

Bei Automobilen im Premiumsegment stellt das akustische Verhalten des Fahrzeugs ein wesentliches Differenzierungsmerkmal dar. Aufgrund sinkender Reifen-, Motor- und Windgeräusche gewinnt hierbei die Akustik von Antriebsstrangkomponenten zunehmend an Bedeutung.

Bei Fahrzeugen mit Frontmotor und Heckantrieb werden durch das Hinterachsgetriebe Schallemissionen mit Frequenzen der ersten und höheren Verzahnungsordnung erzeugt und an den Fahrzeuginnenraum abgegeben. Dieser Schall kann von den Insassen als Verzahnungsheulen negativ wahrgenommen werden.

Abbildung 6.9: Hinterachsgetriebe im Fahrzeug[403]

Im Hinterachsgetriebe wird zum einen die Antriebskraft des Motors um 90° auf die Hinterachse umgelenkt, zum anderen beherbergt das Hinterachsgetriebe den Differentialausgleich. Das Umlenken der Antriebskraft geschieht über den Radsatz. Dabei ist der Zahneingriff des Radsatzes für die Entstehung von Verzahnungsheulen verantwortlich.

Als Radsatz wird die Kombination aus Antriebskegelrad und Tellerrad bezeichnet. Bei den im Rahmen dieser Arbeit betrachteten Radsätzen handelt es sich um spiralverzahnte Hypoidradsatz[404].

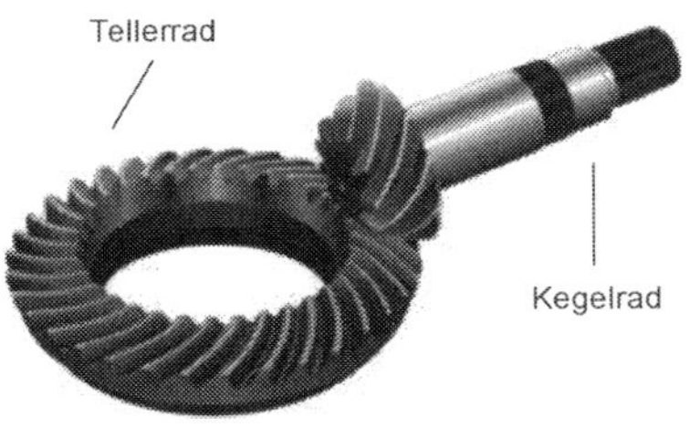

Abbildung 6.10: Spiralverzahnter Hypoidradsatz

Bei einem Hypoidradsatz ist der Angriffspunkt des Kegelrades gegenüber der Mittelachse des Tellerrades versetzt. Dies wird auch als Achsversatz bezeichnet. Ein Hypoidradsatz zeichnet sich durch vergleichsweise hohe Laufruhe und hohen Wirkungsgrad aus[405].

Neben dem Achsversatz existieren noch weitere Verlagerungsmaße.

---

[403] Bildquelle: BMW Group

[404] vgl. J. Klingelnberg, *Kegelräder: Grundlagen, Anwendungen* (Berlin: Springer, 2008), S. 14f.

[405] H. Naunheimer, B. Bertsche, und G. Lechner, *Fahrzeuggetriebe: Grundlagen, Auswahl, Auslegung und Konstruktion*, 2. (Berlin: Springer, 2007), S. 226.

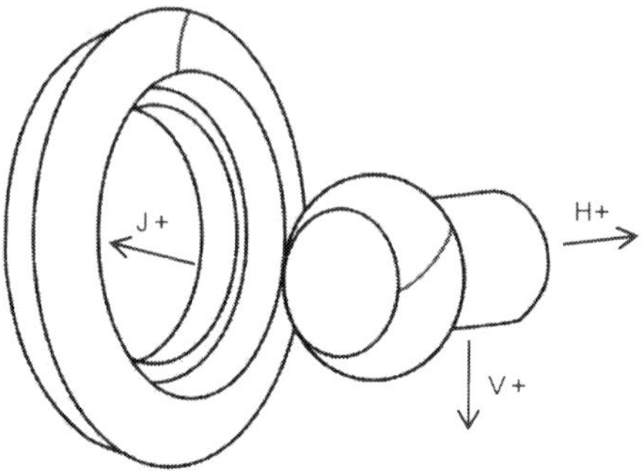

Abbildung 6.11: Verlagerungsmaße eines Hypoidradsatzes[406]

Für einen Hypoidradsatz sind diese in Abbildung 6.11 dargestellt. Das V-Maß entspricht dem Hypoid-Achsversatz. Bei einem Hinterachsgetriebe handelt es sich dabei um eine konstruktive Größe, die durch das Getriebegehäuse festgelegt ist und die nicht variiert werden kann. Das H-Maß ist eine axiale Verschiebung des Kegelrades. Das Maß kann während der Montage eines Getriebes variiert werden. Es wird auch als Blockmaß (BM) bezeichnet. Das J-Maß ist eine axiale Verschiebung des Tellerrades. Auch dieses Maß kann während der Montage variiert werden. Es wird als Verdrehflankenspiel (VDS) bezeichnet.

Im Rahmen des Projektes wurde der gesamte Produktionsprozess der Hinterachsgetriebe bei der BMW Group mit Hilfe von Datamining-Methoden[407] auf relevante Einflussfaktoren für eine auffällige Getriebeakustik untersucht.[408] Es hat sich gezeigt, dass das Tragbild eines Radsatzes eine sehr verlässliche Aussage über das akustische Verhalten eines Getriebes ermöglicht. Des Weiteren hat die Untersuchung ergeben, dass über die Variation von Blockmaß und Verdrehflankenspiel in der Montage eine Veränderung des Tragbildes und damit auch eine Veränderung der Akustik erreicht wird.

Das Tragbild visualisiert die Kontaktfläche zwischen Kegelrad und Tellerrad. Um das Tragbild aufzunehmen wird der Radsatz mit einer Tragbildfarbe besprüht und anschließend in einer Einflankenwälzprüfungsmaschine abgerollt. An der Kontaktfläche der Zahnräder wird die Tragbildfarbe abgetragen, so dass das Tragbild auf dem Tellerrad sichtbar wird.

[406] Bildquelle: BMW Group

[407] vgl. S. 71

[408] vgl. Matuschek, *Implementierung selbstoptimierender Prozessmechanismen in Produktionssysteme*.

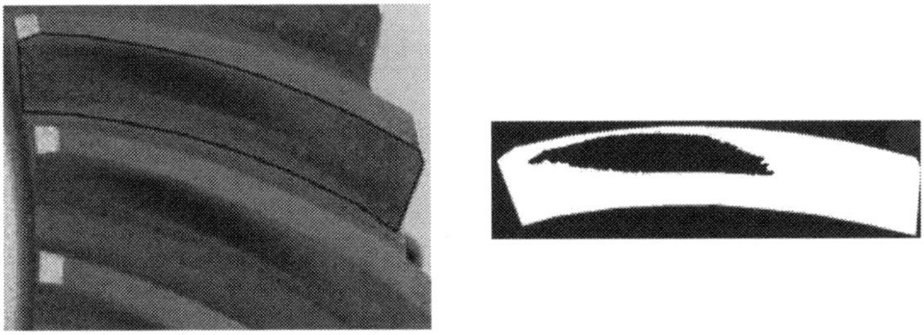

Abbildung 6.12: Tragbild einer Hypoidverzahnung[409]

In Abbildung 6.12 ist links das Foto eines Tragbildes dargestellt. Das Tragbild kann elektronisch erfasst und vermessen werden[410]. Rechts in Abbildung 6.12 ist ein digital erfasstes und ausgewertetes Tragbild dargestellt.

Ausschlaggebend für eine ideale Akustik sind Lage und Größe des Tragbildes.

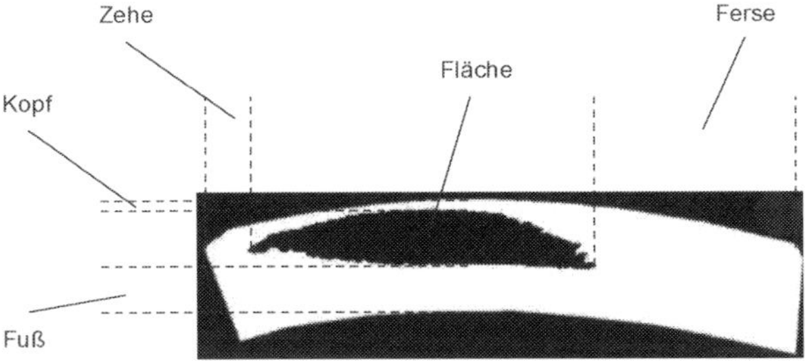

Abbildung 6.13: Tragbildkennwerte

Abbildung 6.13 zeigt die für die Akustik relevanten Tragbildkennwerte. Für ein akustisch unauffälliges Getriebe dürfen die Abstände des Tragbildes zu Kopf, Fuß, Zehe und Ferse bestimmte radsatzabhängige Mindestmaße nicht unterschreiten. Dem entgegen steht jedoch auch ein Mindestwert für die Tragbildfläche, der nicht unterschritten werden darf.

Im Serienprozess erfolgt vor der Montage eine 100% Prüfung des Tragbilds im Rahmen der Einflankenwälzprüfung (EWP).

409 Bildquelle: BMW Group

410 vgl. M. Laass, *Automatische Tragbilderkennung mithilfe einer optischen Messeinrichtung* (Fachhochschule Aachen, 2008).

Abbildung 6.14: BMW Produktionsprozess für Hinterachsgetriebe

Bei dieser Prüfung werden die Zahnräder in ihrer Solleinbaulage, also mit den vorgeschriebenen Maßen für Achsversatz, Verdrehflankenspiel und Blockmaß, in der Prüfmaschine verbaut. Der Radsatz wird anschließend quasistatisch mit Drehzahlen von 80-150 upm miteinander abgewälzt. Mittels zweier hochauflösender Drehwinkelgeber werden die Drehwinkelverläufe und damit der Drehfehlerverlauf des Radsatzes gemessen.

Während der Einflankenwälzprüfung erfolgt zusätzlich bei jedem Radsatz eine Überprüfung des Tragbildes. Im aktuellen Serienprozess eine subjektive Tragbildbewertung durch den Maschinenbediener durchgeführt. Falls die Fläche des Tragbildes zu klein ist, wird der Radsatz erneut in den Läppprozess eingeschleust. Liegen die Abstände für Kopf, Fuß, Zehe oder Ferse außerhalb der zulässigen Grenzen wird der Radsatz aussortiert. Eine automatisierte Prozessregelung anhand der aufgenommenen Tragbilder erfolgt nicht.

6.3.2 Ablauf der Regelung

Das Ziel des Einsatzes von CTM in der Hinterachsgetriebeproduktion ist eine automatisierte Regelung der Tragbildlage und damit die Stabilisierung des akustischen Verhaltens der produzierten Getriebe.

Die Position des Tragbildes auf der Zahnflanke kann durch die Variation von Achsversatz, Blockmaß und Verdrehflankenspiel variiert werden. Da im Hinterachsgetriebe der Achsversatz durch die Gehäusekonstruktion fest vorgegeben ist, kann eine Regelung der Tragbildlage nur über die Stellgrößen Verdrehflankenspiel und Blockmaß erfolgen. Bisher werden diese beiden Größen in der Montage über Distanzringe eingestellt, sie werden jedoch nicht individuell für jedes Getriebe variiert.

Mit Hilfe von CTM soll eine individuelle Einstellung von Blockmaß und Verdrehflankenspiel für jedes Getriebe erfolgen. Auf diese Weise können zum einen Abweichungen im Fertigungsprozess kompensiert und so Ausschuss vermieden werden, zum anderen kann die Tragbildlage durch die Regelungen stabil gehalten werden. Durch die Stabilisierung der Tragbildlage erfolgt eine Stabilisierung des akustischen Verhaltens. Weniger Tests auf Akustikprüfständen und eine Reduzierung der Kundenreklamationen sind die Folge.

Der Ablauf der Regelung ergibt sich wie folgt:

```
Einlesen der Tragbildlageparameter Abstand Kopf, Fuß, Zehe,
    Ferse jeweils für die Schub- und Zugflanke
If Tragbildlage nicht optimal
    Repeat until Tragbildlage optimal
        Soar-Entscheidung: Einstellwert für Blockmaß
        Soar-Entscheidung: Einstellwert für Verdrehflankenspiel
        Prozessmodell: Resultierende Tragbildlage bestimmen
        If Tragbildlage OK
            Soar-RL: positive Belohnung
        Else
            Soar-RL: negative Belohnung
        End
    End
    Montage mit den gefundenen Werten für BM und VDS
Else
    Montage mit den Standardwerten für BM und VDS
End
```

Der Optimierungskreislauf ist in diesem Fall in eine Schleife gefasst. Zu Beginn werden die acht Lageparameter des Tragbildes für die Schub- und die Zugflanke eingelesen. Anschließend folgt die Optimierungsschleife zur Findung idealer Einstellwerte für BM und VDS. Die von Soar vorgeschlagenen Werte werden durch das Prozessmodell überprüft. Dieses liefert auf Basis der gemessenen Tragbildlage und den Korrekturwerten für BM und VDS die neuen Lageparameter für das Tragbild.

Falls die von Soar vorgeschlagenen Werte nicht zu einer optimalen Tragbildlage führen, erhält der Agent negative Belohnungspunkte, und die Schleife startet erneut. Bei Erreichung der gewünschten Tragbildlage werden positive Belohnungspunkte verteilt.

Durch CTM werden immer dann Korrekturwerte für BM und VDS ermittelt, wenn das Tragbild bei der Einflankenwälzprüfung von der Optimallage abweicht. Diese Korrekturwerte können anschließend in der Montage für jeden individuellen Radsatz umgesetzt werden.

Der CTM-Optimierer bietet die Möglichkeit Expertenwissen zu integrieren[411]. Auf diese Weise können bekannte Zusammenhänge des zu regelnden Prozesses in Form von Soar-Produktionen formuliert werden. Diese zusätzlichen Regeln erlauben eine zustandsabhängige Verkleinerung des Suchraums. Bzgl. des Zusammenhangs zwischen der BM/VDS-Variation und der Verschiebung des Tragbildes ist die Richtung der Tragbildverschiebung bekannt. Das Ausmaß der Verschiebung hingegen lässt sich nicht eindeutig formulieren, bzw. es verändert sich durch den Einfluss äußerer Parameter wie bspw. eine neue Materialcharge.

[411] vgl. Kapitel 5.1.2

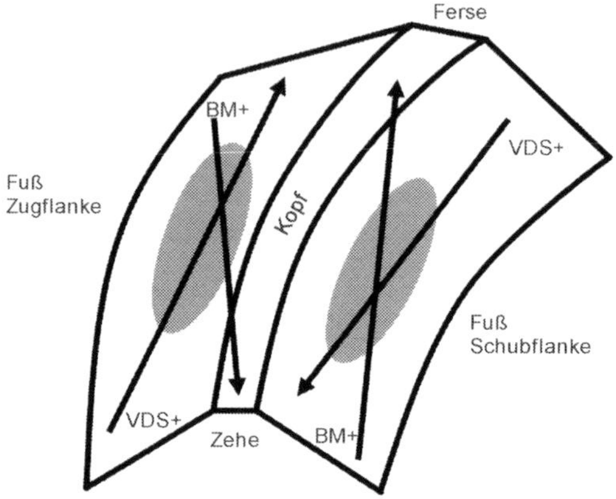

Abbildung 6.15: Zusammenhang zwischen BM/VDS Variation und der Tragbildlage[412]

In Abbildung 6.15 ist dieser Zusammenhang für die Schub- und die Zugflanke graphisch dargestellt. Diese Abhängigkeiten sind in der Evaluierungssoftware als zusätzliche Expertenregeln implementiert. Auf diese Weise wird erreicht, dass der Optimierer bei der Variation von BM/VDS den Suchraum eingrenzen kann und abhängig von der Ausgangseinstellung jeweils nur in eine Richtung suchen muss. Zusätzlich können Tragbildlagen, für die eine Korrektur nicht möglich ist, vorab identifiziert werden. Dies ist beispielhaft der Fall, wenn das Tragbild der Schubflanke am Fuß der Zehe und das Tragbild der Zugflanke am Kopf der Zehe positioniert ist. Eine zur Korrektur der Schubflanke notwendige Erhöhung des Blockmaßes würde das Tragbild der Zugflanke noch weiter an den Rand schieben.

6.3.3 Verhalten des Optimierers im angelernten Zustand

Die ersten Versuche finden in einem angelernten Zustand statt. Das bedeutet, dass das Prozessmodell Ergebnisse hinreichender Güte liefert und dass der Optimierer bereits eine Q-Tabelle aufgebaut hat, sich also in einem trainierten Zustand befindet.

[412] Bildquelle: BMW Group

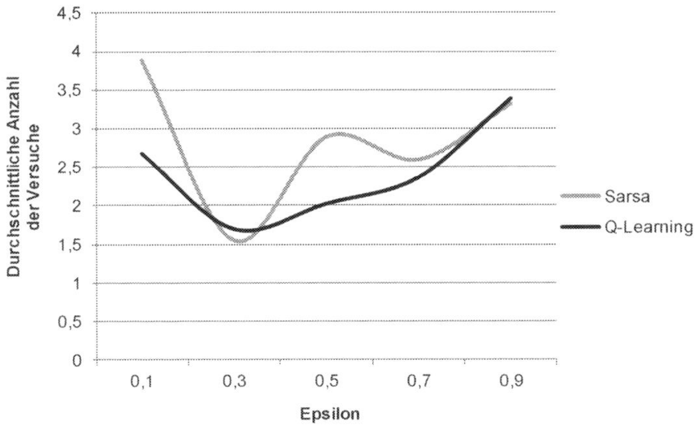

Abbildung 6.16: Angelernter Zustand – Epsilon-Greedy-Exploration

In Abbildung 6.16 wird das Explorationsverfahren Epsilon-Greedy verwendet. Auf der X-Achse ist der Wert ε dargestellt, auf der Y-Achse die durchschnittliche Anzahl der Versuche, die der CTM-Optimierer zur Findung von optimalen Einstellwerten für Blockmaß und Verdrehflankenspiel benötigt. In dem Diagramm werden die beiden Lernalgorithmen Sarsa und Q-Learning gegenübergestellt.

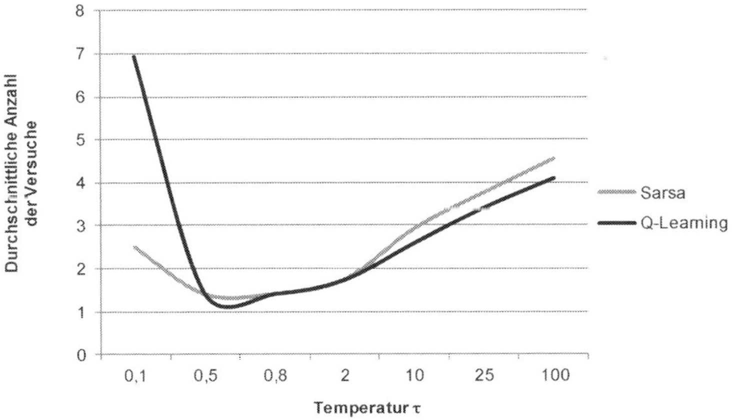

Abbildung 6.17: Angelernter Zustand – Boltzmann-Exploration

Abbildung 6.17 zeigt diese Gegenüberstellung für den Boltzmann-Explorationsmechanismus. Auf der X-Achse ist die Boltzmann Temperatur τ aufgetragen.

Unter Verwendung des Softmax-Verfahrens benötigt der Optimierer durchschnittlich sechs Versuche. Ein Wechsel des Lernverfahrens hat keinen Einfluss auf die Anzahl der benötigten Versuche.[413]

Bei beiden Verfahren ist jedoch der Einfluss des gewählten Lernalgorithmus sehr gering. Bei Epsilon-Greedy ist bei den meisten Werten für ε ein Vorteil für Q-Learning erkennbar. Beim Optimalwert ε=0,3 jedoch liefert Sarsa geringfügig bessere Ergebnisse. Bei Verwendung der Boltzmann-Exploration ist ein Vorteil von Sarsa bei sehr geringen Temperaturen erkennbar, zwischen 0,5< τ<5 liefern beide Lernmethoden praktisch identische Ergebnisse. Erst bei τ>100 ist ein leichter Vorteil für Q-Learning erkennbar. Für die Darstellung der folgenden Ergebnisse wird einheitlich der Q-Learning-Algorithmus gewählt.

In Abbildung 6.18 wird die Effektivität des Optimierers in Abhängigkeit der Trainingsdurchläufe und des implementierten Expertenwissens dargestellt.

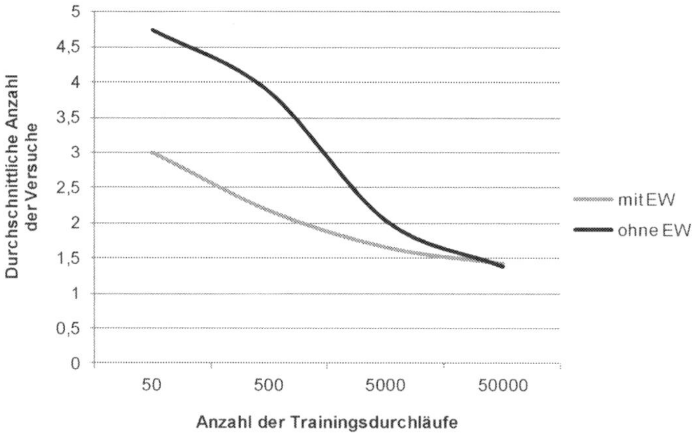

Abbildung 6.18: Wirksamkeit des implementierten Expertenwissens

Die Messung zeigt, dass der Optimierer durch Trainingsläufe in der Lage ist, den Vorteil durch die implementierten Expertenregeln auszugleichen. Er ist in der Lage, die durch die Expertenregeln formulierten Systemzusammenhänge eigenständig zu erlernen. Der Vorteil bei der Verwendung von Expertenwissen liegt in einer effizienteren

[413] Da das Softmax Verfahren über keine variierbaren Parameter verfügt wird auf eine Diagrammdarstellung verzichtet.

Anlernphase. Auch bei starken Änderungen im Produktionssystem kann sich die Verwendung von Expertenwissen positiv auswirken.

6.3.4 Reaktion des Optimierers auf eine Prozessänderung

Analog zu den Versuchen an der Welle-Nabe-Verbindung[414] wird auch im Fall der Hinterachsgetriebefertigung die Flexibilität des Optimierers anhand einer sprunghaften Veränderung des Prozessmodells erprobt.

Dazu wird die vom Modell vorhergesagte Tragbildlage ab Durchlauf 160 verschoben. Die Größe der Verschiebung beträgt ca. 50% der Toleranzbreite.

Wie bei der Welle-Nabe-Verbindung erfolgt die Darstellung der Ergebnisse auch hier anhand von Durchschnittswerten.

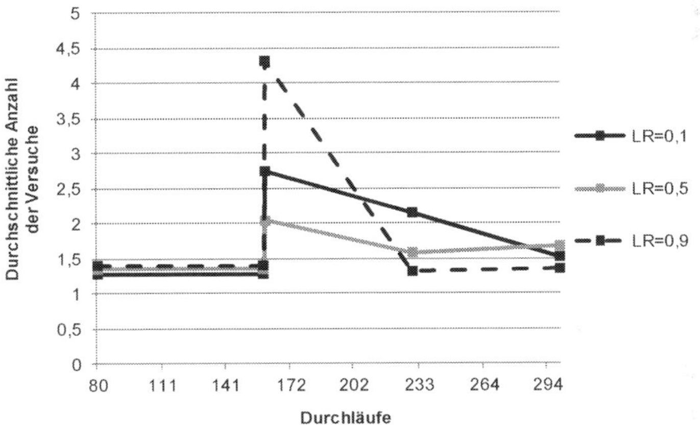

Abbildung 6.19: Boltzmann-Exploration - τ=0,6 (Durchschnittswerte)

Bei Verwendung der Boltzmann-Exploration und einer Temperatur τ=0,6 erfolgt eine schnelle Anpassung an die Prozessvariation. Die Implementierung verschiedener Lernraten zeigt eine signifikante Veränderung der Ergebnisse. Jedoch ist in diesem Fall, anders als bei der Welle-Nabe-Verbindung, keine klare Gesetzmäßigkeit zu erkennen. Eine hohe Lernrate von 0,9 zeigt einen sehr steilen Anstieg der benötigten Versuche, allerdings gleichzeitig den steilsten Abfall der drei verwendeten Lernraten.

[414] vgl. Kapitel 6.2.3

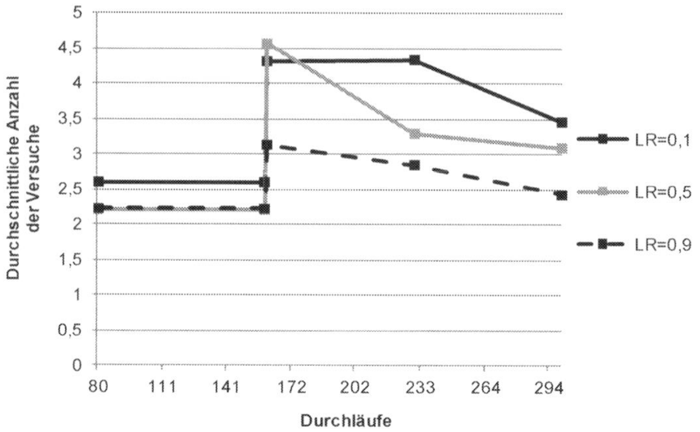

Abbildung 6.20: Boltzmann-Exploration - τ=5 (Durchschnittswerte)

Die in Abbildung 6.20 dargestellte Erhöhung der Boltzmann-Temperatur auf τ=5 verschlechtert das Ergebnis des Agenten. Wie in den Versuchen mit der Welle-Nabe-Verbindung verschlechtert sich das Verhalten im angelernten Zustand von durchschnittlich 1,5 Versuchen bei τ=0,6 auf ca. 2,5 Versuche. Dieses Verhalten bei verstärkter Exploration ist darin begründet, dass der Agent verstärkt neue Lösungsmöglichkeiten evaluiert, anstatt sich auf bereits angelerntes Wissen zu verlassen. Der hohe Grad der Exploration führt in diesem Fall zusätzlich dazu, dass sich der Agent nach der Prozessänderung nur sehr langsam wieder an die ursprünglichen Werte annähert. Dieses Ergebnis unterscheidet sich von den Versuchen mit der Welle-Nabe-Verbindung. Dort führte ein hoher Grad an Exploration zu einer schnellen Anpassung auf Veränderungen im Prozess.

Auch bei Boltzmann-Temperatur τ=5 zeigt der Agent bei einer Lernrate von 0,9 das beste Verhalten. Jedoch in diesem Fall nicht nur eine schnelle Anpassung, sondern auch einen geringeren Ausschlag der benötigten Versuche direkt nach der Prozessvariation.

Im Folgenden wird das Verhalten des Optimierers bei Verwendung des Epsilon-Greedy-Explorationsverfahrens untersucht.

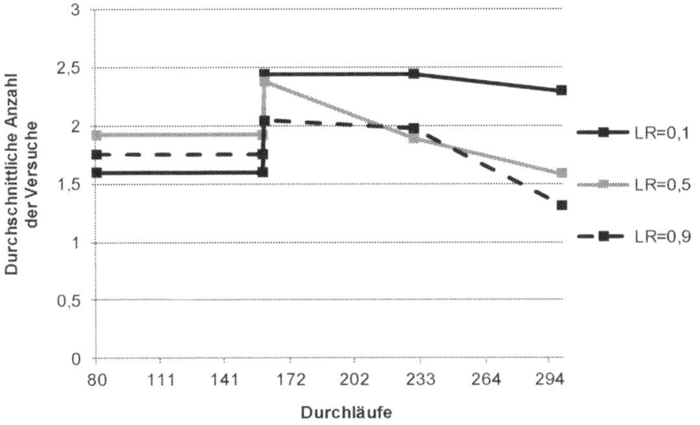

Abbildung 6.21: Epsilon-Greedy-Exploration - ε=0,3 (Durchschnittswerte)

Ähnlich wie bei der Welle-Nabe-Verbindung zeigt die Epsilon-Greedy-Exploration gegenüber Boltzmann eine deutlich schwächere Reaktion auf Änderungen des zu regelnden Prozesses. In Abbildung 6.21 ist das Verhalten bei ε=0,3 dargestellt. Die Anzahl der benötigten Versuche im angelernten Zustand mit Werten zwischen 1,5 und 2 ist mit denen des Boltzmann-Verfahrens bei einer ebenfalls geringen Exploration vergleichbar. Bei der Reaktion des Optimierers auf eine Prozessänderung fällt in erster Linie auf, dass die Anzahl der benötigten Versuche nach einer Änderung zwar noch relativ gering sind, die Fähigkeit der schnellen Anpassung an die neue Situation jedoch stark von der verwendeten Lernrate abhängig ist. Bei einer Lernate von 0,9 und 0,5 werden sehr gute Ergebnisse erzielt. Bei einer Lernrate von 0,1 kann sich der Optimierer jedoch nur langsam an den geänderten Prozess anpassen.

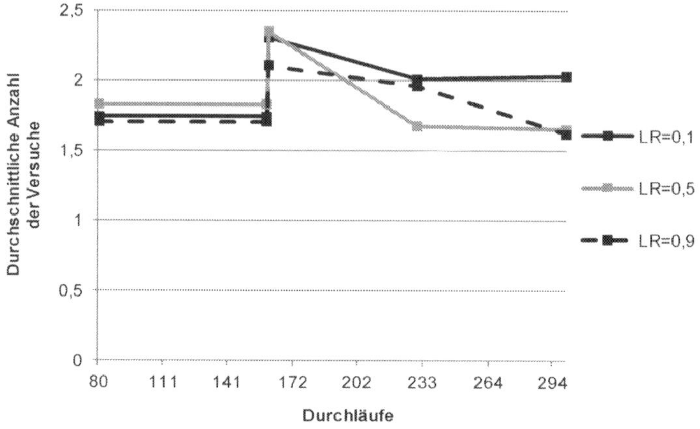

Abbildung 6.22: Epsilon-Greedy-Exploration - ε=0,5 (Durchschnittswerte)

Eine Erhöhung der Exploration auf ε=0,5 zeigt keine signifikante Veränderung des Optimierers. Die Versuchsergebnisse sind in Abbildung 6.22 dargestellt. Ähnlich wie bei ε=0,3 ist eine Abhängigkeit von der Lernrate feststellbar. Auch in diesem Fall verläuft bei einer Lernrate von 0,1 die Anpassung des Optimierers an Veränderungen im Prozess vergleichsweise langsam. Bei Lernraten von 0,5 und 0,9 werden auch bei einem höheren Epsilon gute Ergebnisse erzielt.

6.3.5 Zusammenfassung der Versuchsergebnisse

Die Daten zeigen, dass der CTM-Optimierer im angelernten Zustand sehr effizient arbeitet und mit nur wenigen Versuchen akzeptable Einstellwerte für BM und VDS findet. Von den getesteten Explorationsverfahren schneidet Softmax mit durchschnittlich sechs Versuchen am schlechtesten ab. Epsilon-Greedy und Boltzmann liefern beide sehr gute Ergebnisse. Bei beiden Verfahren ist im angelernten Zustand eine starke Abhängigkeit von dem Grad der Exploration vorhanden. Die besten Ergebnisse liefert das Boltzmann-Verfahren mit einer Temperatur τ von ca. 0,6.

Das Epsilon-Greedy-Verfahren ist nur minimal schlechter. Im Gegensatz zum Boltzmann-Verfahren sind die Ergebnisse beim Epsilon-Greedy-Verfahren kaum von dem Grad an Exploration, also in diesem Fall dem Wert von Epsilon, abhängig. Stattdessen zeigt sich jedoch eine deutliche Abhängigkeit von der verwendeten Lernrate. Bei einer Lernrate von 0,5 und 0,9 zeigt der Optimierer ein schnelles Anpassungsverhalten an Änderungen im zu regelnden Prozess. Bei einer Lernrate von 0,1 hingegen ist der Optimierer nur sehr langsam in der Lage sich den Änderungen anzupassen und zur Performance aus dem angelernten Zustand zurückzufinden.

Anders als in den Versuchen bei der Welle-Nabe-Verbindung kommt bei der Regelung von BM und VDS vorhandenes Expertenwissen zum Einsatz. In diesem Fall ist die qualitative Abhängigkeit der Tragbildlage von den Einstellwerten für BM und VDS bekannt und kann in Form von Soar-Regeln formuliert werden. Da durch diese Regeln die Zahl der durch den Optimierer zu evaluierenden Möglichkeiten eingeschränkt wird, zeigt dieser besonders in der Anlernphase ein schnelleres Konvergenzverhalten. Nach einer ausreichenden Anzahl von Trainingsdurchläufen wird dieser anfängliche Vorteil jedoch durch gelerntes Wissen wieder ausgeglichen, so dass ein Optimierer ohne Expertenwissen dieselbe Anzahl von Versuchen zur Findung passender BM und VDS Werte benötigt (vgl. Abbildung 6.18).

6.4 Möglichkeiten und Grenzen des Konzeptes

Das Ziel von Cognitive Tolerance Matching ist die Regelung komplexer Produktionsprozesse. „Komplex" bedeutet hier, dass ein Prozess durch eine Vielzahl inhärenter Abhängigkeiten charakterisiert ist, die sich nicht durch ein mathematisch-analytisches Modell beschreiben lassen. Des Weiteren ist zu berücksichtigen, dass besonders komplexe Produktionsprozesse einem ständigen Wandel unterliegen, so dass CTM in der Lage sein muss, flexibel auf Änderungen im zu regelnden Prozess zu reagieren.

Die Evaluation des Konzeptes an der Welle-Nabe-Verbindung und an der Produktion des BMW-Hinterachsgetriebes zeigt, dass CTM in der Lage ist, Produktionsprozesse, für die kein analytisches Modell zur Verfügung steht, zu regeln. Die in CTM implementierte Lernfähigkeit erreicht eine flexible Anpassung auch auf plötzlich auftretende Änderungen im zu regelnden Prozess.

Der Einsatz kognitiver Technologien erlaubt eine einfache Adaption des CTM-Systems an den zu regelnden Prozess. Die zur Ausgestaltung des Optimierers notwendigen Soar-Regeln müssen lediglich die möglichen Werte der einzelnen Stellgrößen und die gewünschten Werte der Regelgrößen enthalten. Wissen über Zusammenhänge im Prozess (Expertenwissen) kann, muss aber nicht in Form von zusätzlichen Soar-Regeln implementiert werden. Ähnliches gilt für das Prozessmodell der CTM-Systematik. Die Verwendung künstlicher neuronaler Netze erlaubt ein selbstständiges Anlernen des Modells. Lediglich die Eingangs- und Ausgangsgrößen müssen vorgegeben werden.

Neben den Möglichkeiten, die kognitive Technologien der Produktionsregelung eröffnen, stellen sie gleichzeitig den begrenzenden Faktor dar. Mit aktuell verfügbarer Computerleistung ist die gleichzeitige Regelung einer hohen Anzahl von Parametern nicht möglich. Der Grund hierfür liegt im „Fluch der Dimensionalität"[415]. Dieser sorgt für einen exponentiellen Anstieg des Rechenaufwandes mit jedem zusätzlichen Parameter. Mit aktuell gängiger PC-Hardware stellt eine Anzahl zwischen 10 und 20 Parame-

[415] vgl. Bellman, *Adaptive Control Processes*.

tern, je nach Komplexität des Systems und je nach der Anzahl der möglichen Werte der einzelnen Parameter, die Grenze dessen dar, was mit einem CTM Agenten noch gleichzeitig regelbar ist.

Eine Möglichkeit auch Prozesse mit einer höheren Anzahl an möglichen Stellgrößen zu regeln bietet die Voranalyse des Prozesses mit Hilfe von Datamining-Methoden. So kann oft eine reduzierte Anzahl von Parametern identifiziert werden, mit denen alleine das System geregelt werden kann.[416]

Die Evaluation des CTM-Optimierers hat zudem gezeigt, dass keine klaren Regeln für die Leistungsfähigkeit der implementierten Lernmethoden und deren Parameter existieren. Obgleich alle evaluierten Methoden eine Regelung ermöglichen, sollten vor der Anwendung an einem bestimmten Prozess entsprechende Tests stattfinden, um die idealen Einstellwerte für den CTM-Optimierer zu finden. Ähnliches gilt auch bei der Auslegung der künstlichen neuronalen Netze im Prozessmodell. Auch hier gibt es noch keine allgemeinen Vorschriften für bestimmte Problemfälle. Die optimale Netzarchitektur muss experimentell ermittelt werden.[417]

Die zentrale Forschungsfrage dieser Arbeit:

> *Können komplexe Produktionsprozesse mit einer Vielzahl inhärenter Abhängigkeiten mit Hilfe von kognitiven Technologien effektiv und effizient geregelt werden?*

kann jedoch positiv beantwortet werden. Die durchgeführten Versuche haben gezeigt, dass das CTM-System die im Rahmen dieser Arbeit gestellten Forderungen[418] erfüllen kann. Der Vorteil des kognitiven Systems gegenüber geplanten Produktionssystemen liegt hauptsächlich in der Möglichkeit, es ohne analytisches Prozessmodell einzusetzen, sowie in der Fähigkeit, sich an Änderungen im Produktionsprozess anzupassen.

Sowohl durch die schnelle Anpassung an Änderungen im Prozess als auch durch die Möglichkeit, Abweichungen vorheriger Prozessschritte zu korrigieren, kann unnötiger Ausschuss vermieden werden und so ressourceneffizienter gearbeitet werden, als es mit einem geplanten Produktionssystem möglich ist. In diesem Zusammenhang muss auch der Geschwindigkeitsvorteil eines kognitiven Systems gesehen werden. Einmal implementiert reagiert es selbstständig auf Veränderungen, so dass Unterbrechungen der Produktion zur Einstellung neuer Regelparameter vermieden werden können.

Letztendlich soll Cognitive Tolerance Matching ein geplantes Produktionssystem nicht vollständig ersetzen. Das Ziel beim Einsatz von CTM muss sein, bestimmte Teilprozesse zu regeln, in denen Abweichungen aus vorherigen Schritten korrigiert werden können und die aufgrund Ihrer Komplexität mit gängigen Methoden bisher nicht regelbar sind.

---

[416] vgl. S. 71

[417] vgl. Kapitel 3.2.2

[418] vgl. Kapitel 3.3

7 Zusammenfassung

Im Rahmen der vorliegenden Arbeit wurde die Forschungsfrage beantwortet, ob sich komplexe Produktionsprozesse mit einer Vielzahl inhärenter Abhängigkeiten mit Hilfe von kognitiven Technologien effektiv und effizient regeln lassen.

Das Ziel beim Einsatz kognitiver Technologien ist die Realisierung einer funktionsorientierten Produktionsregelung. In Kapitel 2 wurde der Ansatz einer solchen Regelung vorgestellt, und es wurden die notwendigen Forderungen an eine funktionsorientierte Regelung komplexer Produktionsprozesse aufgearbeitet. Es wird ein System benötigt, das in der Lage ist, in Abhängigkeit der äußeren Rahmenbedingungen die eigenen Ziele ständig anzupassen und so ein hohes Maß an Dynamik und Funktionsorientierung bietet.

Durch die Darstellung des Stands der Forschung im Bereich der Regelung komplexer Produktionsprozesse konnten aktuelle Ansätze, aber auch ihre Defizite aufgezeigt werden. Vielversprechend zur Realisierung einer funktionsorientierten Regelung sind Model Predictive Control (MPC) Systeme. Diese basieren auf einem Optimierer, der mit Hilfe eines Prozessmodells ideale Stellwerte identifiziert. Defizite liegen primär im Fehlen von Autonomie und Lernfähigkeit, so dass derzeit verfügbare Ansätze nicht in der Lage sind, Prozesse ohne ein analytisches Modell zu regeln oder auf ein sich wandelndes Umfeld zu reagieren.

Diesen Defiziten wurde in der Arbeit mit dem Einsatz kognitiver Technologien begegnet. Dazu wurden in Kapitel 3 zuerst die einzelnen Stufen der kognitiven Informationsverarbeitung beim Menschen aufgezeigt und durch die Definition eines kognitiven Ablaufmodells in Zusammenhang gebracht. Dementsprechend steht Kognition in dieser Arbeit für Informationsverarbeitung, die sich an dem Ablauf der Informationsverarbeitung des Menschen orientiert. Ein System ist kognitiv, wenn es Informationen aufnimmt, diese interpretiert und anschließend eigenständig eine Entscheidung über die Reaktion auf diese Informationen trifft. Dabei ist es für ein kognitives System zwingend notwendig, dass es in der Lage ist, vorgegebene Ziele eigenständig zu verfolgen und die Fähigkeit besitzt aus gemachten Erfahrungen zu lernen.

Im Anschluss wurden grundlegende Ansätze zur technischen Realisierung von Kognition vorgestellt. Dabei wurde zwischen symbolverarbeitenden Systemen wie Soar und konnektonistischen Systemen wie künstlichen neuronalen Netzen unterschieden. Eine Bewertung dieser Technologien in Bezug auf die Einsatzmöglichkeit in der Regelungstechnik zeigte eine prinzipielle Eignung symbolverarbeitender Systeme für den Einsatz als Optimierer und konnektonistischer Systeme für den Einsatz als Prozessmodell. Basierend auf dieser Einschätzung wurden zentrale Forderungen formuliert, die kognitive Technologien für einen Einsatz in der Prozessregelung erfüllen müssen. Zum Abschluss des Kapitels wurden aktuelle industrielle Anwendungen kognitiver Technologien vorgestellt. Es wurde festgestellt, dass zwar vereinzelte Anwendungen kognitiver

Technologien im industriellen Umfeld zu finden sind, diese jedoch meist auf die logistische und nicht auf die technische Regelung der Produktionsprozesse abzielen, bzw. nur über eine abschnittsweise Implementierung kognitiver Technologien verfügen, so dass sie nicht die Flexibilität besitzen, die für eine effiziente Produktionsregelung benötigt wird.

Aus den bisher erarbeiteten Erkenntnissen wurde die Entwicklung von Cognitive Tolerance Matching (CTM), einem ganzheitlichen Ansatz zur Regelung komplexer Produktionsprozesse, abgeleitet. In Kapitel 4 wurden die Rahmenbedingungen für den Einsatz von CTM dargestellt und anschließend das Konzept erläutert. CTM besteht im Kern aus einem mit der kognitiven Architektur Soar realisierten Optimierer und einem durch künstliche neuronale Netze aufgebauten Prozessmodell. Der Einsatz der Soar-Architektur ermöglicht die Implementierung maschinellen Lernens, so dass die in Kapitel 2 geforderte Reaktionsfähigkeit auf ein wandelndes Umfeld realisiert werden konnte. Durch die Verwendung künstlicher neuronaler Netze im Prozessmodell kommt eine weitere kognitive Technologie zum Einsatz, die es ermöglicht, Modellwissen eigenständig zu erlernen.

In den folgenden Kapiteln wurde der Schwerpunkt auf die Entwicklung des CTM-Optimierers und insbesondere auf die Implementierung eines für die Produktionsregelung geeigneten Lernverfahrens gelegt.

Dazu erfolgte in Kapitel 5 eine umfassende Erläuterung des in CTM verwendeten Wissens- und Lernkonzeptes. Wissen wird in einer mit dem menschlichen Gedächtnis vergleichbaren Struktur aus Kurz- und Langzeitgedächtnis abgelegt. Lernen erfolgt im CTM-Optimierer durch Reinforcement Learning. Dieses Verfahren wird auch als Bestärkungslernen bezeichnet. Es basiert auf der Vergabe von Belohnungs- oder Bestrafungspunkten für getroffene Entscheidungen. Dieses Verfahren ermöglicht es dem Optimierer anhand des Grades der Zielerreichung der funktionsorientierten Regelung zu lernen. Kapitel 5 schließt mit einer detaillierten Implementierung von Reinforcement Learning in das CTM-Konzept und einer Erläuterung der aus dem Einsatz von Reinforcement Learning resultierenden Optimierungsstrategie.

In Kapitel 6 wurde das im Rahmen der Arbeit entwickelte Regelungskonzept praktisch evaluiert. Dazu wurden zwei verschiedene Anwendungsfälle bedient. Der erste Anwendungsfall war die Produktion einer Welle-Nabe-Verbindung. Hierbei handelte es sich um einen Demonstrator, also keinen realen industriellen Anwendungsfall. Das Ziel der Regelung ist die Produktion einer Verbindung aus einer Welle und zwei Naben, die ein bestimmtes Mindestdrehmoment übertragen sollen, jedoch ab einer festgelegten Obergrenze durchrutschen müssen. Der CTM-Regler wurde eingesetzt, um die für die Funktionserfüllung relevanten Fertigungs- und Montageparameter in Abhängigkeit variierender äußerer Bedingungen zu berechnen. Beim zweiten Anwendungsfall wurde ein reales Szenario aus der Industrie betrachtet. CTM wurde zur Regelung der Produktion von KFZ-Hinterachsgetrieben eingesetzt. Das Ziel der Regelung durch CTM war die Vermeidung akustisch auffälliger Hinterachsgetriebe, die zu einer Reklamation des Kunden führen können.

In beiden Beispielen wurde die Effektivität und Effizienz des Optimierers im angelernten Zustand und die Reaktion auf eine Veränderung des Produktionsprozesses untersucht. Der Schwerpunkt der Evaluation lag auf der Bewertung verschiedener Algorithmen zur Umsetzung von Reinforcement Learning und auf der Identifikation optimaler Parameter wie der Lernrate oder dem Grad an Exploration, also der Häufigkeit, wie oft der Optimierer neue, der Erfahrung widersprechende Lösungen erprobt.

Die Evaluation hat gezeigt, dass CTM in der Lage ist auch Produktionsprozesse, für die kein analytisches Modell zur Verfügung steht, effizient zu regeln. Durch die inhärente Lernfähigkeit von CTM wurde zudem eine flexible Anpassung an Veränderungen des Produktionsprozesses erreicht. Die Evaluation der einzelnen Algorithmen und Parameter hat jedoch auch gezeigt, dass für ein kognitives System keine allgemeingültige optimale Konfiguration existiert. Stattdessen muss für eine maximale Effizienz des Regelungsvorganges das System an den zu regelnden Prozess empirisch angepasst werden.

Die im Rahmen der Arbeit gestellte Forschungsfrage konnte positiv beantwortet werden. Kognitive Technologien stellen einen vielversprechenden Ansatz dar, den künftigen Herausforderungen der Produktionsregelung zu begegnen.

A. Soar Code: Welle-Nabe

Generate_productions

```
#######################################################################
# ## Initialisierung der Belohnungstabelle ##
# Initialisierung der Belohnungspunkte aller möglichen Kombinationen
#######################################################################

gp {socius*rl*select*maschine
   (state <s>  ^name socius
               ^operator <o> +
               ^nabe_1.winkel [1 2 3 4 5]
               ^nabe_1.rauheit [1 2 3 4 5]
               ^nabe_1.material [1 2 3 4 5]
               ^welle.material [1 2 3 4 5])

   (<o>        ^name select_maschine
               ^selected_vorschub [1 2 3 4 5]
               ^selected_schnittgeschw [1 2 3 4 5]
               ^selected_schnitttiefe [1 2 3 4 5])
-->
   (<s>        ^operator <o> = 0)
}

gp {socius*rl*select*anzugsdrehment_n_1
   (state <s>  ^name socius
               ^operator <o> +
               ^nabe_1.winkel [1 2 3 4 5]
               ^nabe_1.rauheit [1 2 3 4 5]
               ^nabe_1.material [1 2 3 4 5]
               ^welle.material [1 2 3 4 5]
               ^welle.rauheit [1 2 3 4 5])
   (<o>        ^name select_anzugsdrehmoment_n1
               ^selected_anzugsdrehmoment_n1 [1 2 3 4 5])
-->
   (<s>        ^operator <o> = 0)
}

gp {socius*rl*select*anzugsdrehment_n_2
   (state <s>  ^name socius
               ^operator <o> +
               ^welle.rauheit [1 2 3 4 5]
               ^ergebnis.drehmoment_1_g [1 2 3 4 5])
   (<o>        ^name select_anzugsdrehmoment_n2
               ^selected_anzugsdrehmoment_n2 [1 2 3 4 5])
-->
   (<s>        ^operator <o> = 0)
}
```

Initialize

```
########################################################################
# ## Initialisierung des Systems ##
# Anlegen aller benötigter Objekte und Vorbelegung der Parameter.
########################################################################

sp {propose*initialize-socius
   (state <s> ^superstate nil
              -^name)
-->
   (<s>       ^operator <o> +)
   (<o>       ^name initialize-socius)
}

sp {apply*initialize-socius
   (state <s> ^operator <op>)
   (<op>      ^name initialize-socius)
-->
   (<s>       ^name socius
              ^welle <w>
              ^nabe_1 <n1>
              ^nabe_2 <n2>
              ^maschine <m>
              ^ergebnis <e>
              ^verfuegbar <v>
              ^desired <d> )
   (<w>       ^winkel 0
              ^rauheit 0
              ^material 0)
   (<n1>      ^winkel 0
              ^rauheit 0
              ^material 0
              ^anzugsdrehmoment 0)
   (<n2>      ^anzugsdrehmoment 0)
   (<m>       ^vorschub 0
              ^schnittgeschw 0
              ^schnitttiefe 0)
   (<e>       ^drehmoment_1_v 0
              ^drehmoment_1_g 0
              ^drehmoment_g_v 0
              ^drehmoment_g_g 0)
   (<v>       ^welle_winkel 1 2 3 4 5
              ^welle_material 1 2 3 4 5
              ^nabe_1_anzugsdrehmoment 1 2 3 4 5
              ^nabe_2_anzugsdrehmoment 1 2 3 4 5
              ^vorschub 1 2 3 4 5
              ^schnittgeschw 1 2 3 4 5
              ^schnitttiefe 1 2 3 4 5)
   (<d>       ^drehmoment_1_ug 20.00
              ^drehmoment_1_og 30.00
              ^drehmoment_g_ug 40.00
              ^drehmoment_g_og 60.00)
}
```

Reset

```
#####################################################################
# ## Drehmoment Nabe 1 durch KKN bestätigt ##
# Alle Parameter (von Welle, Nabe 1, Maschine) wurden an KNN
# übergeben und KNN liefert vorherg. Drehmoment d. Nabe 1 zurück.
#####################################################################

# Von KNN vorhergesagtes Übertragunsdrehmoment der Nabe 1
# wurde in ergebnis.drehmoment_1_v gespeichert.
sp {socius*propose*reset
   (state <s>  ^name socius
               ^ergebnis.drehmoment_1_v {<dv> > 0}
               ^desired.drehmoment_1_ug <ug>
               ^desired.drehmoment_1_og <og>
               ^reward-link <rl>)
   - (         ^ergebnis.drehmoment_1_v {<dv> >= <ug>}
               ^ergebnis.drehmoment_1_v {<dv> <= <og>} )
-->
   (<rl>       ^reward.value -10)
   (halt)
   (write (crlf) |Sorry .|)
}
```

Select Anzugsdrehmoment Nabe 1

```
######################################################################
# ## Entscheidung über Anzugsdrehmoment von Nabe 1 ##
# Regel trifft, wenn Maschineparameter gesetzt sind und das Anzugs-
# drehmoment von Nabe 1 noch/wieder Null ist.
######################################################################

sp {socius*propose*select_anzugsdrehmoment_n1
   (state <s>  ^name socius
               ^maschine.vorschub > 0
               ^nabe_1.anzugsdrehmoment == 0
               ^welle.rauheit > 0
               ^verfuegbar.nabe_1_anzugsdrehmoment <va>)
-->
   (<s>        ^operator <o> +)
   (<o>        ^name select_anzugsdrehmoment_n1
               ^selected_anzugsdrehmoment_n1 <va>)
}

sp {socius*apply*select_anzugsdrehmoment_n1
   (state <s>  ^name socius
               ^operator <o>
               ^nabe_1 <n>)
   (<n>        ^anzugsdrehmoment <na>)
   (<o>        ^name select_anzugsdrehmoment_n1
               ^selected_anzugsdrehmoment_n1 <sa>)
-->
   (<n>        ^anzugsdrehmoment <sa>)
   (<n>        ^anzugsdrehmoment <na> -)
}
```

Select Anzugsdehmoment Nabe 2

```
##########################################################################
# ## Entscheidung Drehmoment Montage Nabe 2 ##
# Regel trifft wenn bereits ein Anzugsdrehmoment für Nabe 1
# gewählt wurde
##########################################################################

sp {socius*propose*select_anzugsdrehmoment_n2
   (state <s>)
   (<s>          ^welle.rauheit > 0
                 ^ergebnis.drehmoment_1_g > 0
                 ^nabe_2.anzugsdrehmoment = 0
                 ^ergebnis <e>
                 ^verfuegbar.nabe_2_anzugsdrehmoment <va>)
   (<e>          ^drehmoment_g_v > 0)                # Neue Bedingung
-->
   (<s>          ^operator <o> + )
   (<o>          ^name select_anzugsdrehmoment_n2
                 ^selected_anzugsdrehmoment_n2 <va>)
}

sp {socius*apply*select_anzugsdrehmoment_n2
   (state <s>    ^name socius
                 ^operator <o>
                 ^nabe_2 <n>)
   (<n>          ^anzugsdrehmoment <na>)
   (<o>          ^name select_anzugsdrehmoment_n2
                 ^selected_anzugsdrehmoment_n2 <sa>)
-->
   (<n>          ^anzugsdrehmoment <sa>)
   (<n>          ^anzugsdrehmoment <na> -)
}
```

Select Maschine

```
########################################################################
# ## Entscheidung über Vorschub, Schnittgeschwindigkeit ##
# ## und Schnitttiefe der Maschine.                      ##
# Regel trifft, wenn Winkel und Material der Welle gewählt wurden
# und die Maschinenparameter noch/wieder auf Null gesetzt sind.
########################################################################

sp {socius*propose*select_maschine
   (state <s>  ^name socius
               ^welle.winkel > 0
               ^welle.material > 0
               ^maschine.vorschub = 0
               ^maschine.schnittgeschw = 0
               ^maschine.schnitttiefe = 0
               ^verfuegbar.vorschub <vv>
               ^verfuegbar.schnittgeschw <vsg>
               ^verfuegbar.schnitttiefe <vst>)
-->
   (<s>        ^operator <o> + )
   (<o>        ^name select_maschine
               ^selected_vorschub <vv>
               ^selected_schnittgeschw <vsg>
               ^selected_schnitttiefe <vst>)
}

sp {socius*apply*select_maschine
   (state <s>  ^name socius
               ^operator <o>
               ^maschine <m>)
   (<m>        ^vorschub <mv>
               ^schnittgeschw <msg>
               ^schnitttiefe <mst>)
   (<o>        ^name select_maschine
               ^selected_vorschub <sv>
               ^selected_schnittgeschw <ssg>
               ^selected_schnitttiefe <sst>)
-->
   (<m>        ^vorschub <sv>)
   (<m>        ^vorschub <mv> -)
   (<m>        ^schnittgeschw <ssg>)
   (<m>        ^schnittgeschw <msg> -)
   (<m>        ^schnitttiefe <sst>)
   (<m>        ^schnitttiefe <mst> -)
}
```

Select Material

```
######################################################################
# ## Entscheidung über Material der Welle ##
# Regel trifft, wenn Winkel der Welle gewählt wurde und das Material
# noch auf Null gesetzt ist.
######################################################################

sp {socius*propose*select_material
   (state <s>  ^name socius
               ^welle.winkel > 0
               ^welle.material = 0
               ^verfuegbar.welle_material <vwm>)
   (<s>        ^operator <o> + =) ## remove '='
   (<o>        ^name select_material
               ^selected_material <vwm>)
}

sp {socius*apply*select_material
   (state <s> ^name socius
               ^operator <o>
               ^welle <w>)
   (<w>        ^material <wm>)
   (<o>        ^name select_material
               ^selected_material <sm>)
-->
   (<w>        ^material <sm>)
   (<w>        ^material <wm> -)
}
```

Select Winkel

```
########################################################################
# ## Entscheidung über Winkel der Welle ##
# Regel trifft, wenn alle Parameter der Nabe 1 eingegeben sind und
# der Winkel der Welle (noch/wieder) auf Null gesetzt ist.
########################################################################

sp {socius*propose*select_winkel
   (state <s>    ^name socius
                 ^nabe_1.winkel {<nw> > 0}
                 ^nabe_1.rauheit > 0
                 ^nabe_1.material > 0
                 ^welle.winkel = 0
   )
-->
   (<s>          ^operator <o> + =)
   (<o>          ^name select_winkel
                 ^selected_winkel <nw>)
}

sp {socius*apply*select_winkel
   (state <s>    ^name socius
                 ^operator <o>
                 ^welle <w>)
   (<w>          ^winkel <ww>)
   (<o>          ^name select_winkel
                 ^selected_winkel <sw>)
-->
   (<w> ^winkel <sw>)
   (<w> ^winkel <ww> -)
```

Elaborations – Status

```
########################################################################
# ## Status benennen ##
########################################################################

sp {elaborate*state*name
   (state <s>  ^superstate.operator.name <name>)
-->
   (<s>        ^name <name>)
}

sp {elaborate*state*top-state
   (state <s>  ^superstate.top-state <ts>)
-->
   (<s>        ^top-state <ts>)
}

sp {elaborate*top-state*top-state
   (state <s>  ^superstate nil)
-->
   (<s>        ^top-state <s>)
}
```

Elaborations – Goal

```
##########################################################################
# ## Ziele und Zwischenziele ##
# Je nach Zielerreichung werden verschiedene Belohnungspunkte
# vergeben.
##########################################################################

# Zielfunktion für Übertragunsdrehmoment der Nabe 1

sp {socius*detect*goal*achieved*drehmoment_1
   (state <s>  ^name socius
               ^ergebnis <e>
               ^reward-link <rl>
               ^desired.drehmoment_1_ug <ug>
               ^desired.drehmoment_1_og <og>
               ^ergebnis.drehmoment_1_v {<d1> >= <ug>}
               ^ergebnis.drehmoment_1_v {<d1> <= <og>} )
-->
   (<rl>       ^reward.value 10)
   (write (crlf) |Es wurde ein guter Wert für Nabe 1 gefunden.|)
}

sp {socius*detect*goal*achieved*drehmoment_g
   (state <s>  ^name socius
               ^ergebnis <e>
               ^reward-link <rl>
               ^desired.drehmoment_g_ug <ug>
               ^desired.drehmoment_g_og <og>
               ^ergebnis.drehmoment_g_v {<dg> > 0}
)
   (<e>        ^reward {<r> < 7})
-->
   <rl>        ^reward.value (/ 10 (* <r> <r>)))
   (write (crlf) |Es wurde ein Endwert gefunden.|)
   (halt)
}

sp {socius*detect*no*goal*achieved*drehmoment_g
   (state <s>  ^name socius
               ^ergebnis <e>
               ^reward-link <rl>
               ^desired.drehmoment_g_ug <ug>
               ^desired.drehmoment_g_og <og>
               ^ergebnis.drehmoment_g_v {<dg> > 0}
   (<e>        ^reward {<r> >= 7})
-->
   (<rl>       ^reward.value -100)
   (halt)
}
```

Reward Function

```
#########################################################################
# ## Berechnet das optimale Drehmoment ##
##########################################################################

sp {socius*drehmoment*mitte
   (state <s>   ^name socius
                ^desired <d>)
   (<d>         ^drehmoment_g_og {<do> > 0}
                ^drehmoment_g_ug {<du> > 0})
-->
   (<d>         ^drehmoment_mitte  (/ (+ <do> <du>) 2 ))
}

sp {socius*reward*gemessenes*Drehmoment*groesser*Optimum
   (state <s>   ^name socius
                ^desired <d>
                ^ergebnis <e>)
   (<d>         ^drehmoment_mitte {<dm> > 0})
   (<e>         ^drehmoment_g_v {<dg> > <dm> })
-->
   (<e>         ^reward (+ (- <dg> <dm> )1))
}

sp {socius*reward*Optimum*groesser*gemessenes*Drehmoment
   (state <s>   ^name socius
                ^desired <d>
                ^ergebnis <e>)
   (<d>         ^drehmoment_mitte {<dm> > <dg>})
   (<e>         ^drehmoment_g_v {<dg> > 0})
-->
   (<e>         ^reward (+ (- <dm> <dg> )1))
}
```

B. Soar Code: BMW-Hinterachsgetriebe

BMW-VFS

```
######################################################################
# ## Entscheidung über BM und VFS ##
# Regel trifft wenn Abstände für Kopf, Fuß, Zehe und Ferse
# sowohl für Schub als auch für Zug vorhanden sind.
######################################################################

sp {BMW*propose*select_bm-vfs
   (state <s>  ^name BMW
               ^eingang.zug_kopf > 0
               ^eingang.zug_fuss > 0
               ^eingang.zug_zehe > 0
               ^eingang.zug_ferse > 0

               ^eingang.schub_kopf > 0
               ^eingang.schub_fuss > 0
               ^eingang.schub_zehe > 0
               ^eingang.schub_ferse > 0
               ^bm = 0 #wenn bm noch nicht eingestellt ist
               ^vfs = 0 # und vfs auch nicht
               ^verfuegbar.bm <bm>
               ^verfuegbar.vfs <vfs>)
-->
   (<s>        ^operator <o> +  )
   (<o>        ^name select_bm-vfs
               ^select_bm <bm>
               ^select_vfs <vfs>)
}

sp {BMW*apply*select_bm-vfs
   (state <s>  ^name BMW
               ^operator <o>
               ^bm <bm>
               ^vfs <vfs>)
   (<o>        ^name select_bm-vfs
               ^select_bm <s-bm>
               ^select_vfs <s-vfs>)
-->
   (<s>        ^bm <s-bm>)
   (<s>        ^bm <bm> -)
   (<s>        ^vfs <s-vfs>)
   (<s>        ^vfs <vfs> -)
}
```

Expertenwissen

```
#########################################################################
# ## Expertenwissen in Regelform ##
# Regeln über die qualitativen Zusammenhänge von BM/VFS und der
# Tragbildlage
#########################################################################

sp {reject*for*niO*Zug_Ferse*Zug_Fuss
   (state <s>  ^operator <o> +
               ^bm <bm>
               ^vfs <vfs>
               ^eingang <e>)
   (<e>        ^zug_kopf > 1
               ^zug_fuss 1
               ^zug_zehe > 1
               ^zug_ferse 1)
   (<o>        ^name select_bm-vfs
               ^select_bm {<sbm> < 7})
-->
   (<s>        ^operator <o> -)}

sp {reject*for*niO*Zug_Ferse
   (state <s>  ^operator <o> +
               ^bm <bm>
               ^vfs <vfs>
               ^eingang <e>)
   (<e>        ^zug_kopf > 1
               ^zug_fuss > 1
               ^zug_zehe > 1
               ^zug_ferse 1)
   (<o>        ^name select_bm-vfs)
   -{ <o>      ^select_bm {<sbm> >= 7}
               ^select_vfs {<svfs> <= 5}}
-->
   (<s>        ^operator <o> -)
}

sp {reject*for*niO*Zug_Ferse*Zug_Kopf
   (state <s>  ^operator <o> +
               ^bm <bm>
               ^vfs <vfs>
               ^eingang <e>)
   (<e>        ^zug_kopf 1
               ^zug_fuss > 1
               ^zug_zehe > 1
               ^zug_ferse 1)
   (<o>        ^name select_bm-vfs
               ^select_vfs {<svfs> > 5}}
-->
   (<s>        ^operator <o> -)
}
```

```
sp {reject*for*niO*Zug_Kopf
   (state <s>  ^operator <o> +
               ^bm <bm>
               ^vfs <vfs>
               ^eingang <e>)
   (<e>        ^zug_kopf 1
               ^zug_fuss > 1
               ^zug_zehe > 1
               ^zug_ferse > 1)
   (<o>        ^name select_bm-vfs)
   -(<o>       ^select_bm {<sbm> <= 7}
               ^select_vfs {<svfs> <= 5})
-->
   (<s>        ^operator <o> -)
}

sp {reject*for*niO*Zug_Zehe*Zug_Kopf
   (state <s>  ^operator <o> +
               ^bm <bm>
               ^vfs <vfs>
               ^eingang <e>)
   (<e>        ^zug_kopf 1
               ^zug_fuss > 1
               ^zug_zehe 1
               ^zug_ferse > 1)
   (<o>        ^name select_bm-vfs
               ^select_bm {<sbm> > 7})
-->
   (<s>        ^operator <o> -)
}

sp {reject*for*niO*Zug_Zehe
   (state <s>  ^operator <o> +
               ^bm <bm>
               ^vfs <vfs>
               ^eingang <e>)
   (<e>        ^zug_kopf > 1
               ^zug_fuss > 1
               ^zug_zehe 1
               ^zug_ferse > 1)
   (<o>        ^name select_bm-vfs)
   -( <o>      ^select_bm {<sbm> <= 7}
               ^select_vfs {<svfs> >= 5})
-->
   (<s>        ^operator <o> -)
}

sp {reject*for*niO*Zug_Zehe*Zug_Fuss
   (state <s>  ^operator <o> +
               ^bm <bm>
               ^vfs <vfs>
               ^eingang <e>)
   (<e>        ^zug_kopf > 1
               ^zug_fuss 1
               ^zug_zehe 1
               ^zug_ferse > 1)
   (<o>        ^name select_bm-vfs
               ^select_vfs {<svfs> < 5})
-->
   (<s>        ^operator <o> -)
}
```

```
sp {reject*for*niO*Zug_Fuss
   (state <s>  ^operator <o> +
               ^bm <bm>
               ^vfs <vfs>
               ^eingang <e>)
   (<e>        ^zug_kopf > 1
               ^zug_fuss 1
               ^zug_zehe  > 1
               ^zug_ferse > 1)
   (<o>        ^name select_bm-vfs)
  -(<o>        ^select_bm {<sbm> >= 7}
               ^select_vfs {<svfs> >= 5})
-->
   (<s>        ^operator <o> -)
}

sp {reject*for*niO*Schub_Zehe*Schub_Fuss
   (state <s>  ^operator <o> +
               ^bm <bm>
               ^vfs <vfs>
               ^eingang <e>)
   (<e>        ^schub_kopf > 1
               ^schub_fuss 1
               ^schub_zehe 1
               ^schub_ferse > 1)
   (<o>        ^name select_bm-vfs
               ^select_bm {<sbm> < 7})
-->
   (<s>        ^operator <o> -)
}

sp {reject*for*niO*Schub_Zehe
   (state <s>  ^operator <o> +
               ^bm <bm>
               ^vfs <vfs>
               ^eingang <e>)
   (<e>        ^schub_kopf > 1
               ^schub_fuss > 1
               ^schub_zehe 1
               ^schub_ferse > 1)
   (<o>        ^name select_bm-vfs)
  -(<o>        ^select_bm {<sbm> >= 7}
               ^select_vfs {<svfs> <= 5})
-->
   (<s>        ^operator <o> -)}

sp {reject*for*niO*Schub_Zehe*Schub_Kopf
   (state <s>  ^operator <o> +
               ^bm <bm>
               ^vfs <vfs>
               ^eingang <e>)
   (<e>        ^schub_kopf 1
               ^schub_fuss > 1
               ^schub_zehe 1
               ^schub_ferse > 1)
   (<o>        ^name select_bm-vfs
               ^select_vfs {<svfs> > 5})
-->
   (<s>        ^operator <o> -)
}
```

```
sp {reject*for*niO*Schub_Kopf
   (state <s>   ^operator <o> +
                ^bm <bm>
                ^vfs <vfs>
                ^eingang <e>)
   (<e>         ^schub_kopf  1
                ^schub_fuss > 1
                ^schub_zehe > 1
                ^schub_ferse > 1)
   (<o>         ^name select_bm-vfs)
   -(<o>        ^select_bm {<sbm> <= 7}
                ^select_vfs {<svfs> <= 5})
-->
   (<s>         ^operator <o> -)
}

sp {reject*for*niO*Schub_Ferse*Schub_Kopf
   (state <s>   ^operator <o> +
                ^bm <bm>
                ^vfs <vfs>
                ^eingang <e>)
   (<e>         ^schub_kopf 1
                ^schub_fuss > 1
                ^schub_zehe > 1
                ^schub_ferse 1)
   (<o>         ^name select_bm-vfs
                ^select_bm {<sbm> > 7})
-->
   (<s>         ^operator <o> -)
}

sp {reject*for*niO*Schub_Ferse
   (state <s>   ^operator <o> +
                ^bm <bm>
                ^vfs <vfs>
                ^eingang <e>)
   (<e>         ^schub_kopf > 1
                ^schub_fuss > 1
                ^schub_zehe > 1
                ^schub_ferse 1)
   (<o>         ^name select_bm-vfs)
   -( <o>       ^select_bm {<sbm> <= 7}
                ^select_vfs {<svfs> >= 5})
-->
   (<s>         ^operator <o> -)
}

sp {reject*for*niO*Schub_Ferse*Schub_Fuss
   (state <s>   ^operator <o> +
                ^bm <bm>
                ^vfs <vfs>
                ^eingang <e>)
   (<e>         ^schub_kopf > 1
                ^schub_fuss 1
                ^schub_zehe > 1
                ^schub_ferse 1)
   (<o>         ^name select_bm-vfs
                ^select_vfs {<svfs> < 5})
-->
   (<s>         ^operator <o> -)
}
```

```
sp {reject*for*niO*Schub_Fuss
   (state <s>  ^operator <o> +
               ^bm <bm>
               ^vfs <vfs>
               ^eingang <e>)
   (<e>        ^schub_kopf  > 1
               ^schub_fuss 1
               ^schub_zehe > 1
               ^schub_ferse > 1)
   (<o>        ^name select_bm-vfs)
   -( <o>      ^select_bm {<sbm> >= 7}
               ^select_vfs {<svfs> >= 5})
-->
   (<s>        ^operator <o> -)
}
```

Generate Productions

```
########################################################################
# ## Initialisierung der Belohnungstabelle ##
# Initialisierung der Belohnungspunkte aller möglichen Kombinationen
########################################################################

gp {BMW*rl*select*bm*vfs
   (state <s>  ^name BMW
               ^operator <o> +
               ^eingang.zug_kopf [1 2 3]
               ^eingang.zug_fuss [1 2 3]
               ^eingang.zug_zehe [1 2 3]
               ^eingang.zug_ferse [1 2 3]
               ^eingang.schub_kopf [1 2 3]
               ^eingang.schub_fuss [1 2 3]
               ^eingang.schub_zehe [1 2 3]
               ^eingang.schub_ferse [1 2 3])
   (<o>        ^name select_bm-vfs
               ^select_vfs [1 2 3 4 5 6 7 8 9]
               ^select_bm [1 2 3 4 5 6 7 8 9 10 11 12 13])
-->
   (<s>        ^operator <o> = 0)
}
```

Initialize

```
#####################################################################
# ## Initialisierung des Systems ##
# Anlegen aller benötigten Objekte und Vorbelegung der Parameter.
#####################################################################

sp {propose*initialize-BMW
   (state <s> ^superstate nil
   -           ^name)
-->
   (<s>        ^operator <o> +)
   (<o>        ^name initialize-BMW)
}

sp {apply*initialize-BMW
   (state <s> ^operator <op>)
   (<op>       ^name initialize-BMW)
-->
   (<s>        ^name BMW
               ^eingang <ein>
               ^ausgang <aus>
               ^verfuegbar <v>
               ^bm 0
               ^vfs 0)
   (<ein>      ^zug_kopf 0
               ^zug_fuss 0
               ^zug_zehe 0
               ^zug_ferse 0
               ^schub_kopf 0
               ^schub_fuss 0
               ^schub_zehe 0
               ^schub_ferse 0)
   (<aus>      ^zug_kopf 0
               ^zug_fuss 0
               ^zug_zehe 0
               ^zug_ferse 0
               ^schub_kopf 0
               ^schub_fuss 0
               ^schub_zehe 0
               ^schub_ferse 0)
   (<v>        ^bm 1 2 3 4 5 6 7 8 9 10 11 12 13
               ^vfs 1 2 3 4 5 6 7 8 9)
}
```

Elaborations – Goal

```
#################################################################
# ## Ziele und Zwischenziele ##
# Je nach Zielerreichung werden verschiedene Belohnungspunkte
# vergeben.
#################################################################

sp {BMW*detect*goal*achieved*perfekt*parameters
   (state <s>  ^name BMW
               ^reward-link <rl>
               ^ausgang <aus>)
   (<aus>      ^zug_kopf {<aus-zk> = 3}
               ^zug_fuss {<aus-zfu> = 3}
               ^zug_ferse {<aus-zfer> = 3}
               ^zug_zehe {<aus-zz> = 3}
               ^schub_kopf {<aus-sk> = 3}
               ^schub_fuss {<aus-sfu> = 3}
               ^schub_ferse {<aus-sfer> = 3}
               ^schub_zehe {<aus-sz> = 3})
-->
   (<rl>       ^reward.value 10)
   (write (crlf) |Es wurde ein perfektes Bild gefunden.|)
   (halt)
}

sp {BMW*detect*goal*achieved*parameters
   (state <s>  ^name BMW
               ^reward-link <rl>
               ^ausgang <aus>)
   (<aus>      ^zug_kopf {<aus-zk> > 1})
   (<aus>      ^zug_fuss {<aus-zfu> > 1})
   (<aus>      ^zug_ferse {<aus-zfer> > 1})
   (<aus>      ^zug_zehe {<aus-zz> > 1})
   (<aus>      ^schub_kopf {<aus-sk> > 1})
   (<aus>      ^schub_fuss {<aus-sfu> > 1})
   (<aus>      ^schub_ferse {<aus-sfer> > 1})
   (<aus>      ^schub_zehe {<aus-sz> > 1 })
   -(<aus>     ^zug_kopf {<aus-zk> = 3}
               ^zug_fuss {<aus-zfu> = 3}
               ^zug_ferse {<aus-zfer> = 3}
               ^zug_zehe {<aus-zz> = 3}
               ^schub_kopf {<aus-sk> = 3}
               ^schub_fuss {<aus-sfu> = 3}
               ^schub_ferse {<aus-sfer> = 3}
               ^schub_zehe {<aus-sz> = 3})
-->
   (<rl>       ^reward.value 1)
   (write (crlf) |Es wurde ein gutes Bild gefunden.|)
   (halt)
}
```

```
sp {BMW*detect*goal*reset
   (state <s> ^name BMW
              ^reward-link <rl>
              ^ausgang <aus>)
   (<aus>     ^zug_kopf {<aus-zk> > 0}
              ^zug_fuss {<aus-zfu> > 0}
              ^zug_ferse {<aus-zfer> > 0}
              ^zug_zehe {<aus-zz> > 0}
              ^schub_kopf {<aus-sk> > 0}
              ^schub_fuss {<aus-sfu> > 0}
              ^schub_ferse {<aus-sfer> > 0}
              ^schub_zehe {<aus-sz> > 0})

  -(<aus>     ^zug_kopf {<aus-zk> > 1}
              ^zug_fuss {<aus-zfu> > 1}
              ^zug_ferse {<aus-zfer> > 1}
              ^zug_zehe {<aus-zz> > 1}
              ^schub_kopf {<aus-sk> > 1}
              ^schub_fuss {<aus-sfu> > 1}
              ^schub_ferse {<aus-sfer> > 1}
              ^schub_zehe {<aus-sz> > 1})
-->
   (<rl>      ^reward.value -10)
   (halt)
   (write (crlf) |Sorry .|)
}
```

Elaborations – Status

```
####################################################################
# ## Status benennen ##
####################################################################

sp {elaborate*top-state*top-state
   (state <s>  ^superstate nil)
-->
   (<s>         ^top-state <s>)
}
```

Literaturverzeichnis

Abbeel, P., A. Coates, M. Quigley, und A. Y. Ng. "An Application of Reinforcement Learning to Aerobatic Helicopter Flight." Paper presented at the NIPS 2007, Vancouver, British Columbia, Canada, 2007.

"Act-R Homepage." ACT-R Research Group, http://act-r.psy.cmu.edu/actr6/.

Anderson, J. R. "Act: A Simple Theory of Complex Cognition." In *Cognitive Modeling*, edited by T. A. Polk und C. M. Seifert, 49-68. Cambridge: MIT Press, 2002.

Anderson, J. R. *Kognitive Psychologie*. 6. Berlin, Heidelberg: Springer, 2007.

Atkinson, R.C., und R.M. Shiffrin. "Human Memory: A Proposed System and Its Control Processes." In *The Psychology of Learning and Motivation: Advances in Research and Theory*, edited by K.W. Spence, 98-195. New York: Academic Press, 1968.

Baier, V. *Klassifikation Mit Support Vektor Maschinen*. München: GRIN Verlag, 2010.

Bamert, T. "Markenwert. Der Einfluss Des Marketing Auf Den Markenwert Bei Ausgewählten Schweizer Dienstleistungsunternehmen." In *Marken – Und Produktmanagement*, edited by F.R. Esch, R. Decker, A. Herrmann, H. Sattler und H. Woratschek. Wiesbaden: Gabler GWV Fachverlag, 2005.

Bathe, K.-J. *Finite-Elemente-Methoden*. Berlin: Springer, 2002.

Bauer, M. *Flexible on-Line-Prozeßoptimierung Mit Integrierten Adaptiven Modellen*. Edited by G. Spur, Berichte Aus Dem Produktionstechnischen Zentrum Berlin. Berlin: FhG/IPK, 1997.

Bellman, R.E. *Adaptive Control Processes*. Princeton: Princeton University Press, 1961.

Ben-Hur, A., C. S. Ong, S. Sonnenburg, B. Schölkopf, und G. Rätsch. "Support Vector Machines and Kernels for Computational Biology." *PLoS Computational Biology* 4, no. 10 (2008).

Bernedo Schneider, G. *Wenn Agenten Sich Streiten Ein Agentenmodell Zur Erforschung Sozialer Konflikte*. Kassel: Kassel Univ. Press, 2010.

Bethge, M. "Factorial Coding of Natural Images: How Effective Are Linear Models in Removing Higher-Order Dependencies?" *Journal of the Optical Society of America A* 23, no. 6 (2006): 1253-1268.

Botvinick, M., und J. An. "Goal-Directed Decision Making in Prefrontal Cortex: A Computational Framework." Paper presented at the NIPS 2008, Vancouver, British Columbia, Canada, 2009.

Braess, H.-H. *Vieweg-Handbuch Kraftfahrzeugtechnik*. Edited by U. Seiffert. Wiesbaden: Vieweg, 2007.

Braun, A. *Grundlagen Der Regelungstechnik - Kontinuierliche Und Diskrete Systeme*. München: Fachbuchverl. Leipzig im Carl Hanser Verl., 2005.

Brecher, C., S. Jeschke, C. Schlick, D. Behnen, C. Büschner, D. Ewert, E. Hauck, W. Herfs, B. Kausch, T. Kempf, S. Kuz, M. Mayer, S. Müller, B. Odenthal, und D. Schilberg. "Selbst-Optimierende Montagesysteme Auf Basis Kognitiver

Technologien." In *Integrative Produktionstechnik Für Hochlohnländer*, edited by C. Brecher, 960-1016. Heidelberg Dordrecht London New York: Springer, 2011.

Brecher, C., P. Loosen, R. Müller, R. Schmitt, K. Fayzullin, S. Haag, A. Malik, A. Pavim, N. Pyschny, und M. Vette. "Integratives Produkt- Und Prozessdesign Für Die Selbst-Optimierende Montage." In *Integrative Produktionstechnik Für Hochlohnländer*, edited by C. Brecher, 911-959. Heidelberg Dordrecht London New York: Springer, 2011.

Brecher, C., und F. Possel-Dölken. "Modellierung Flexibler Fertigungssysteme." *wt Werkstattstechnik online* 95, no. 7 (2005): 594-602.

Brecher, C., G. Schauerte, und M. Merz. "Model Based Control of a Piezo-Actuated Axis." Paper presented at the The 41st CIRP Conference on Manufacturing Systems, Tokio, 2008.

Bredenkamp, J. *Lernen, Erinnern Und Vergessen*. München: C.H. Beck, 1998.

Bretzke, W.R. *Der Problembezug Von Entscheidungsmodellen*. Tübingen: J.C.B. Mohr (Paul Siebeck), 1980.

Bruttoinlandsprodukt 2010 Für Deutschland. Wiesbaden: Statistisches Bundesamt, 2011.

Cawsey, A. *Künstliche Intelligenz Im Klartext*. München: Pearson Studium, 2003.

Chapelle, O., B. Schölkopf, und A. Zien. *Semi-Supervised Learning*. Cambridge: MIT Press, 2006.

Denkena, B., und M. Shpitalni. "Knowledge Management in Process Planning." Paper presented at the CIRP annals: manufacturing technology, 2007.

Derbinsky, N., N. Gorski, J. Laird, B. Marinier, und Y. Wang. *Soar-Rl Manual*: University of Michigan, 2008.

Diestel, R. *Graphentheorie*. Berlin: Springer, 2006.

Dittmar, R., und B.-M. Pfeiffer. *Modellbasierte Prädiktive Regelung*. München Wien: Oldenbourg Verlag, 2004.

Dörsam, P. *Grundlagen Der Entscheidungstheorie*. 5. Heidenau: PD-Verlag, 2007.

Doya, K. "Reinforcement Learning: Computational Theory and Biological Mechanisms." *HFSP Journal* 1, no. 1 (2007): 30-40.

Draper, B., K. Baek, M. Bartlett, und J. Beveridge. "Recognizing Faces with Pca and Ica." *Computer Vision and Image Understanding: Special Issue on Face Recognition* 91, no. 1-2 (2003): 115-137.

Ebbinghaus, H. *Über Das Gedächtnis: Untersuchungen Zur Experimentellen Psychologie (Nachdruck)*. Darmstadt: Wissenschaftliche Buchgesellschaft, 1971.

Erlach, K. *Wertstromdesign: Der Weg Zur Schlanken Fabrik*. Heidelberg, Berlin [u.a.]: Springer, 2010.

Frank, U., H. Giese, F. Klein, O. Oberschwelp, A. Schmitdt, B. Schulz, H. Vöcking, und K. Witting. *Selbstoptimierende Systeme Im Maschinenbau: Definitionen Und Konzepte*. Paderborn: HNI Verlag, 2004.

Frensch, P.A. "Kognition." In *Handbuch Der Allgemeinen Psychologie - Kognition*, edited by J. Funke und P.A. Frensch, 19-28. Göttingen: Hogrefe Verlag, 2006.

Fröhlich, W.D. *Dtv-Wörterbuch Der Psychologie*. München: Deutscher Taschenbuch Verlag, 2000.

Früh, K.F., und W. Ahrens. *Handbuch Der Prozessautomatisierung: Prozessleittechnik Für Verfahrenstechnische Anlagen*. München: Oldenbourg, 2009.

Garvin, D.A. "What Does Product Quality Really Mean?" *Sloan Management Review* 26, no. 1 (1984): S. 25-43.

Gausemeier, J., F.J. Ramming, und W. Schäfer. "Selbstoptimierung Im Maschinenbau - Auf Dem Weg Zu Den Maschinen Von Übermorgen." *Forschungsforum Paderborn 10(1)* (2006).

Gerdes, I., F. Klawonn, und R. Kruse. *Evolutionäre Algorithmen*. 1. Wiesbaden: Vieweg & Sohn, 2004.

Gevatter, H.J. *Handbuch Der Mess- Und Automatisierungstechnik in Der Produktion*. Berlin [u.a.]: Springer, 2006.

Ghahramani, Z. "Unsupervised Learning." In *Advanced Lectures in Machine Learning: Ml Summer Schools 2003, Canberra, Australia, February 2-14, 2003, Tübingen, Germany, August 4-16, 2003, Revised Lectures*, edited by O. Bousquet, U. von Luxburg und G. Ratsch, 72-112. New York: Springer, 2004.

Glasmachers, T., und C. Igel. "Second Order Smo Improves Svm Online and Active Learning." *Neural Computation* 20, no. 2 (2008): 374–382.

Gries, T., F. Klocke, W. Michaeli, R. Poprawe, U. Reisgen, R. Schmitt, T. Auerbach, M. Beckers, G. Buchholz, U. Eppelt, P. Fritz, Y.-S. Gloy, S. Kratz, J. Lose, T. Molitor, D. Petring, A. Reßmann, H. Schenuit, W. Schulz, J. Schüttler, U. Thombansen, D. Veselovac, und K. Willms. "Der Weg Zu Selbstoptimierenden Fertigungstechnologien." In *Integrative Produktionstechnik Für Hochlohnländer*, edited by C. Brecher, 851-911. Heidelberg Dordrecht London New York: Springer, 2011.

Hamann, T. *Lernfähige Intelligente Produktionsregelung*. Edited by B. Scholz-Reiter, Informationstechnische Systeme Und Organisation Von Produktion Und Logistik. Berlin: GITO-Verlag, 2008.

Hammerl, M., und H.-J. Grabitz. "Lernen: Definitionen, Methodische Ansätze, Theorien Des Lernens." In *Handbuch Der Allgemeinen Psychologie - Kognition*, edited by J. Funke und P. Frensch, 203-219. Göttingen: Hogrefe, 2006.

Hering, E., und H.-P. Bürkle. *Taschenbuch Der Mechatronik*. München: Fachbuchverlag Leipzig im Carl-Hanser-Verlag, 2005.

Hesse, S., und G. Schnell. *Sensoren Für Die Prozess- Und Fabrikautomation: Funktion - Ausführung - Anwendung*. Wiesbaden: Vieweg + Teubner in GWV Fachverlage GmbH, 2009.

Hinton, G. E. "Connectionist Learning Procedures." *Artificial Intelligence* 40 (1989): S. 185-234.

Hinton, G. E. "Learning Multiple Layers of Representation." *Trends in Cognitive Sciences* 11, no. 10 (2007): 428-434.

Hinton, G. E., S. Osindero, und Y.-W. Teh. "A Fast Learning Algorithm for Deep Belief Nets." *Neural Computation* 18, no. 7 (2006): 1527–1554.

Hoffman, M., A. Doucet, N. De Freitas, und A. Jasra. "Trans-Dimensional Mcmc for Bayesian Policy Learning." Paper presented at the NIPS 2007, Vancouver, British Columbia, Canada, 2007.

Holland, J.H. *Complex Adaptive Systems*. Boston: Daedalus, 1992.

Holyoak, K.J., und R.G. Morrison. *The Cambridge Handbook of Thinking and Reasoning*. New York: Cambridge University Press, 2005.

Huhse, J. *Selbstorganisiernde Evolutionsstrategien*. Berlin: Tenea Verlag, 2003.

Hyvärinen, A., J. Karhunen, und E. Oja. *Independent Component Analysis*. New York: Wiley & Sons, Inc., 2001.

Igel, C., und B. Sendhof. "Genesis of Organic Computing Systems: Coupling Evolution and Learning." In *Organic Computing*, edited by R. P. Würtz, 141-166. Berlin: Springer, 2008.

Inneren, Bundesministerium des. "Organisationshandbuch. Funktionsorientierung Vs. Prozessorientierung." http://www.orghandbuch.de/nn_412258/OrganisationsHandbuch/DE/1__Einfuehrung/11__Organisation/112__FunktionVsProzess/funktionvsprozess-node.html?__nnn=true.

Isermann, M., J.H. Diniz Guimarães, und C. Steinhusen. "Untersuchung Der Praktikabilität Von Quellentrennungsverfahren Bei Der Schadensdiagnose in Wälzlagern." In *Fortschritte der Akustik - DAGA*. Stuttgart, 2007.

Jeffrey, J. P.T., und Philip S.Y. *Machine Learning in Cyber Trust*. New York: Springer, 2009.

Jones, R.M., J. Laird, P.E. Nielsen, K.J. Coulter, P. Kenny, und F.V. Koss. "Automated Intelligent Pilots for Combat Flight Simulation." *AI Mag* 20 (1999): S. 27-41.

Jorden, W. *Form- Und Lagetoleranzen : Handbuch Für Studium Und Praxis*. München: Hanser, 2008.

Kempf, T., und E. Hauck. *Basics of Cognition*, Exzellenzcluster - Integrative Produktionstechnik Für Hochlohnländer. Aachen: RWTH Aachen, 2007.

Klein, B. *Versuchsplanung - Doe: EinfüHrung in Die Taguchi/Shainin-Methodik*. 2. München: Oldenbourg Verlag, 2007.

Klingelnberg, J. *Kegelräder: Grundlagen, Anwendungen*. Berlin: Springer, 2008.

Kluge, R. *Prädikative Modellbasierte Regelung Von Zerspanprozessen*. Edited by G. Warnecke. Vol. 35, Fbk Produktionstechnische Berichte. Kaiserslautern: Universität Kaiserslautern, 1999.

Kramer, O. *Computational Intelligence - Eine Einführung*. Edited by O. Günther, W. Karl, R. Lienhart und K. Zeppenfeld, Informatik Im Fokus. Berlin: Springer, 2009.

Kubicek, H. "Heuristische Bezugsrahmen Und Heuristisch Angelegte Forschungsdesigns Als Element Einer Konstruktionsstrategie Empirischer Forschung." In *Empirische Und Handlungstheoretische Forschungskonzeptionen in Der Betriebswirtschaftslehre*, edited by R. Köhler, 1-345. Stuttgart: Poeschel, 1977.

Kühnert, C., J. Minx, T. Bernard, und H.-B. Kuntze. *Optimierung Der Prozessführung Komplexer Verfahrenstechnischer Prozesse Mit Support Vector Machines*. Karlsruhe: Fraunhofer IITB, 2009.

Kukolja, J. *Absicherung Der Unternehmensübergreifenden Produktentwicklung in Komplexen Lieferketten*. Edited by F. Klocke, G. Schuh, C. Brecher und R. Schmitt. Vol. 4/2009, Ergebnisse Aus Der Produktionstechnik. Aachen: Apprimus Verlag, 2009.

Laass, M. *Automatische Tragbilderkennung Mithilfe Einer Optischen Messeinrichtung*: Fachhochschule Aachen, 2008.

Lafferty, J., A. McCallum, und F. Pereira. "Conditional Random Fields: Probabilistic Models for Segmenting and Labeling Sequence Data." Paper presented at the ICML 2001, Williamstown, Massachusetts, USA, 2001.

Laird, J. E. *The Soar 9 Tutorial*: University of Michigan, 2008.

Laird, J. E., C. B. Congdon, und K. J. Coulter. *The Soar User's Manual – Version 9.1*: University of Michigan, 2009.

Laird, J.E., P.S. Rosenbloom, und A. Newell. "Chunking in Soar: The Anatomy of a General Learning Mechanism." *Machine Learning* 1, no. 1 (1986): 11-46.

Lämmel, U., und J. Cleve. *Künstliche Intelligenz*. 3. München: Hanser Verlag, 2008.

Latzke, T., S. Behnke, und M. Bennewitz. "Imitative Reinforcement Learning for Soccer Playing Robots." In *Robocup 2006: Robot Soccer World Cup X*, edited by G. Lakemeyer, E. Sklar, D. G. Sorrenti und T. Takahashi, 47-58. Berlin: Springer, 2007.

Laux, H. *Entscheidungstheorie*. Berlin, Heidelberg, New York: Springer, 2003.

Lehman, J.F., J. Laird, und P. Rosenbloom. "A Gentle Introduction to Soar, an Architecture for Human Cognition." (2006): 1-35.

Lindsay, P.H., und D. A. Norman. *Einführung in Die Psychologie: Informationsaufnahme Und -Verarbeitung Beim Menschen*. Berlin, Heidelberg: Springer, 1981.

Litz, L. *Grundlagen Der Automatisierungstechnik*. München: Oldenbourg Wissenschaftsverlag, 2005.

Lunze, J. *Regelungstechnik 1: Systemtheoretische Grundlagen, Analyse Und Entwurf Einschleifiger Regelungen*. 8. Heidelberg: Springer, 2010.

Lunze, J. *Regelungstechnik 2 : Mehrgrossensysteme, Digitale Regelung*. 7. Berlin, Heidelberg: Springer Verlag, 2012.

Lutz, H., und W. Wendt. *Taschenbuch Der Regelungstechnik : Mit Matlab Und Simulink*. Frankfurt am Main: Harri Deutsch, 2007.

Mamdani, E. H. "Application of Fuzzy Algorithms for Control of Simple Dynamic Plant." *Proceedings of the IEEE* 121 (12) (1974): S. 1585-1588.

Matlin, M.W. *Cognition*. 6. Hoboken: John Wiley & Sons, 2005.

Matuschek, N. *Implementierung Selbstoptimierender Prozessmechanismen in Produktionssysteme*. Aachen: Apprimus Verlag, 2012.

Meinicke, P., S. Klanke, R. Memisevic, und H. Ritter. "Principal Surfaces from Unsupervised Kernel Regression." *IEEE Transations on Pattern Analysis and Machine Intelligence* 27, no. 9 (2005): S. 1379-1391.

Merget, M. *Kostenoptimierung Durch Toleranzvariation Im Simultaneous Engineering*. Aachen: Shaker, 2004.

Metropolis, N., A. Rosenbluth, M. Rosenbluth, A. Teller, und E. Teller. "Equation of State Calculations by Fast Computing Machines." *Journal of Chemical Physics* 21 (1953): S. 1087-1092.

Meyer, D. "Modellbasierte Mehrzieloptimierung Verfahrenstechnischer Produktionsprozesse Mit Neuronalen Netzen Und Evolutionsstrategien." In *Computational Intelligence Im Industriellen Einsatz*, edited by Verein Deutscher Ingenieure, 157-166. Düsseldorf: VDI Verlag, 2000.

Meyr, H. *Regelungstechnik Und Systemtheorie*. 4. Aachen: Wissenschaftsverlag Mainz, 2000.

Mönch, L. *Agentenbasierte Produktionssteuerung Komplexer Produktionssysteme*. Wiesbaden: Deutscher Universitäts-Verlag, 2006.

Monostori, L., und B.C. Csáji. "Complex Adaptive Systems (Cas) Approach to Production Systems and Organisations." Paper presented at the The 41st CIRP Conference on Manufacturing Systems, Tokio, 2008.

Mooney, C.Z., und R.D. Duval. *Bootstrapping: A Nonparametric Approach to Statistical Inference*. Newbury Park: Sage Publications, 1993.

Müller, H., M. Lauer, R. Hafner, S. Lange, A. Merke, und M. Riedmiller. "Making a Robot Learn to Play Soccer Using Reward and Punishment." Paper presented at the KI 2007: Advances in Artificial Intelligence - 30th Annual German Conference on AI, Osnabrück, 2007.

Naunheimer, H., B. Bertsche, und G. Lechner. *Fahrzeuggetriebe: Grundlagen, Auswahl, Auslegung Und Konstruktion*. 2. Berlin: Springer, 2007.

Neisser, U. *Cognition and Reality*. San Francisco: Freeman, 1976.

Newell, A. *Unified Theories of Cognition*. Cambridge: Harvard University Press, 1994.

Newell, A., P. S. Rosenbloom, und J. E. Laird. "Symbolic Architectures for Cognition." In *Foundations of Cognitive Science*, edited by M. I. Posner, 93-131. Cambridge, Massachusetts, London: MIT Press, 1990.

Newell, A., und H.A. Simon. *Human Problem Solving*. Upper Saddle River: Prentice-Hall, 1972.

Niemann, G., H. Winter, und B. R. Hohn. *Maschinenelemente, Band 1 Konstruktion Und Berechnung Von Verbindugen, Lagern, Wellen*. Berlin; New York: Springer-Verlag, 2005.

Nyhuis, P., P. Fronia, J. Pachow-Fraunhofer, und S. Wulf. "Wandlungsfähige Produktionssysteme." *wt Werkstattstechnik online* 99, no. 4 (2009): 205-210.

Odenthal, B., M. Mayer, D. Albert, und K. Markmann. *Grundlagen Der Kognition*, Exzellenzcluster - Integrative Produktionstechnik Für Hochlohnländer. Aachen: RWTH Aachen, 2007.

Onken, R., und A. Schulte. *System Ergonomic Design of Automation. Dual-Mode Cognitive Design of Vehicle Guidance and Control Work Systems*. Berlin: Springer, 2010.

Orlowski, P. F. *Praktische Regeltechnik - Anwendungsorientierte Einführung Für Maschinenbauer Und Elektrotechniker*. 7. Berlin, Heidelberg: Springer, 2005.

Ott, T., und R. Stoop. "The Neurodynamics of Belief Propagation on Binary Markov Random Fields." Paper presented at the NIPS 2006, Vancouver, British Columbia, Canada, 2006.

Petersohn, H. *Data Mining: Verfahren, Prozesse, Anwendungsarchitektur*. München: Oldenbourg, 2005.

Pfeifer, T., und R. Schmitt. *Autonome Produktionszellen, Komplexe Produktionsprozesse Flexibel Automatisieren*. Berlin; Heidelberg; New York: Springer, 2006.

Plessner, H., und K. Fiedler. "Wahrscheinlichkeitsurteil / Induktion." In *Handbuch Der Allgemeinen Psychologie - Kognition*, edited by J. Funke und P. Frensch, 412-420. Göttingen: Hogrefe, 2006.

Popper, K. "Die Logik Der Sozialwissenschaften." In *Der Positivismusstreit in Der Deutschen Soziologie*, edited by H. Maus und F. Fürstenberg, 104-116. Neuwied: Luchterhand, 1969.

Posielek, S. *Einsatz Kombinatorischer Optimierungsmethoden Bei Automatischer Optimierung Von Umformprozessen*. Vol. 125. Aachen: Shaker, 2004.

Pospeschill, M. *Konnektionismus Und Kognition*. Stuttgart: W. Kohlhammer GmbH, 2004.

Prinz, W. *Historisches Wörterbuch Der Philospohie*. Vol. 4. Basel: Schwabe, 1976.

Putzer, H.J. *Ein Uniformer Architekturansatz Für Kognitive Systeme Und Seine Umsetzung in Ein Operatives Framework*. Berlin: Dr. Köster Verlag, 2004.

Raabe, R. P. *Prozeßoptiemierung Für Das Funkenerosive Senken Mit Neuro-Fuzzy-Control*. Vol. 30, Berichte Aus Der Produktionstechnik. Aachen: Shaker, 1999.

Rao, R. P. N. "Bayesian Computation in Recurrent Neural Circuits." *Neural Computation* 16, no. 1 (2004): 1-38.

Rathgeber, B. *Modellbildung in Den Kognitionswissenschaften*. Münster: LIT Verlag, 2010.

Rätsch, G., S. Sonnenburg, J. Srinivasan, H. Witte, K. Müller, R. Sommer, und B. Schölkopf. "Improving the *Caenorhabditis* Elegans Genome Annotation Using Machine Learning." *PLoS Computational Biology* 3, no. 2 (2007): e20.

Riedmiller, M., T. Gabel, R. Hafner, und S. Lange. "Reinforcement Learning for Robot Soccer." *Autonomous Robots* 27, no. 1 (2009): 55-73.

Roark, B., M. Saraclar, und M. Collins. "Discriminative N-Gram Language Modeling." *Computer Speech and Language* 21, no. 2 (2007): 373–392.

Rojas, R. *Theorie Der Neuronalen Netze: Eine Systematische Einführung*. Berlin: Springer, 1993.

Ross, P. J. *Taguchi Techniques for Quality Engineering*. New York: McGraw-Hill, 1996.

Rothgang, G.-W. *Entwicklungspsychologie*. Stuttgart: Kohlhammer, 2009.

Roweis, S. T., und L. K. Saul. "Nonlinear Dimensionality Reduction by Locally Linear Embedding." *Science* 290, no. 5500 (2000): 2323-2326.

Schatz, A. *Wertorientiertes M&a-Management*. München: GRIN Verlag GmbH, 2008.

Schenk, J., und G. Rigoll. *Mensch-Maschine-Kommunikation: Grundlagen Von Sprach- Und Bildbasierten Benutzerschnittstellen*. Berlin; Heidelberg: Springer, 2010.

Scherms, E. "Tolerierung Durch Qualitätsdatenanalyse." *Konstruktion* 50 (1998).

Schlick, C. *Arbeitswissenschaft*. Berlin; Heidelberg: Springer, 2010.

Schmidberger, E., und J. Neher. "Machbar: Fehlerfreie Produktion." *Qualität und Zuverlässigkeit* 49, no. 2 (2004): 67-68.

Schmidt, P.-M., und M. Heinicke. "Genetische Algorithmen Im Industriellen Einsatz." In *Computational Intelligence Im Industriellen Einsatz*, edited by Verein Deutscher Ingenieure, 179-189. Düsseldorf: VDI Verlag, 2000.

Schmidt, R.F., F. Lang, und M. Heckmann. *Physiologie Des Menschen*. 31. Heidelberg: Springer Medizin Verlag, 2010.

Schmitt, R. *Aufbau Flexibler Mess- Und Prüfstationen Für Die Flexible Montage*. Aachen: Shaker, 2000.

Schmitt, R. *Qualitätsmanagement*, Skript Zur Vorlesung. Aachen: Lehrstuhl für Qualitätsmanagement und Fertigungsmesstechnik der RWTH-Aachen, 2010.

Schmitt, R., M. Isermann, und C. Wagels. "Integrative Selbstoptimierende Prozessketten." In *Integrative Produktionstechnik Für Hochlohnländer*, edited by C. Brecher, 754-798. Heidelberg Dordrecht London New York: Springer, 2011.

Schmitt, R., und T. Pfeifer. *Qualitätsmanagement*. 4. München, Wien: Hanser, 2010.

Schneider, H.J. *Lexikon Informatik Und Datenverarbeitung*. München: Oldenbourg, 1998.

Schölkopf, B., A. Smola, und K. R. Müller. "Nonlinear Component Analysis as a Kernel Eigenvalue Problem." *Neural Computation* 10, no. 5 (1998): 1299–1319.

Schöneburg, E., F. Heinzmann, und S. Feddersen. *Genetische Algorithmen Und Evolutionsstrategien: Eine Einführung in Theorie Und Praxis Der Simulierten Evolution*. 1. Bonn, Paris, [u.a.]: Addison-Wesley, 1994.

Schulz, G. *Regelungstechnik 1 - Lineare Und Nichtlineare Regelung, Rechnergestützter Reglerentwurf*. 3. München: Oldenbourg Wissenschaftsverlag, 2007.

Schulz, G. *Regelungstechnik 1 : Lineare Und Nichtlineare Regelung, Rechnergestützter Reglerentwurf*. 2. München [u.a.]: Oldenbourg, 2004.

Schumacher, A. *Optimierung Mechanischer Strukturen: Grundlagen Und Industrielle Anwendungen*. Berlin: Springer, 2005.

Selfridge, O. "Pandemonium, a Paradigm for Learning." Paper presented at the Symposium on the Mechanization of Thought Process, London, 1959.

Silverthorn, D.U. *Physiologie*. 4. München: Pearson Studium, 2009.

"Soar Homepage." University of Michigan, http://sitemaker.umich.edu/soar.

"Soar Sml Quick Start Guide." University of Michigan, http://code.google.com/p/soar/wiki/SMLQuickStartGuide.

Squire, L.R., und E.R. Kandel. *Gedächtnis. Die Natur Des Erinnerns*. Heidelberg: Spektrum, 1999.

Stachowiak, H. *Allgemeine Modelltheorie*. Wien: Springer, 1973.

Strohner, H. *Kognitive Systeme. Eine Einführung in Die Kognitionswissenschaft*. Opladen: Westdeutscher Verlag, 1995.

Strube, G. *Wörterbuch Der Kognitionswissenschaft*. Stuttgart: Klett-Cotta, 1996.

Sutton, R. S., und A. G. Barto. *Reinforcement Learning: An Introduction*. Cambridge: MIT Press, 1998.

Tenenbaum, J. B., V. Silva, und J. C. Langford. "A Global Geometric Framework for Nonlinear Dimensionality Reduction." *Science* 290, no. 5500 (2000): 2319-2323.

Tesauro, G. "Temporal Difference Learning *and Td-Gammon*." *Communications of the ACM* 38, no. 3 (1995): 58-68.

Thorndike, E.L. *Educational Psychology*. New York: Lemcke and Buechner, 1903.

Todes, D.P. *Pavlov's Physiology Factory: Experiment, Interpretation, Laboratory Enterprise*. Baltimore: Johns Hopkins Univ. Press, 2002.

Toussaint, M. "Probabilistic Inference as a Model of Planned Behavior." *KI - Künstliche Intelligenz*, no. 3 (2009): 23-29.

Toussaint, M. "Robot Trajectory Optimization Using Approximate Inference." Paper presented at the ICLM 2009, Montreal, Quebec, Canada, 2009.

Toussaint, M., H. Ritter, J. Jost, und C. Igel. *Autonomes Lernen (Kurzversion)*, Antrag Auf Einrichtung Eines Neuen Dfg-Schwerpunktprogramms. Berlin, Bielefeld, Leipzig, Bochum2010.

Ulrich, H. "Die Betriebswirtschaftslehre Als Anwendungsorientierte Sozialwissenschaft." In *Management*, edited by T. Dyllick und G. Probst, 168-194. Bern: Haupt, 1984.

Ulrich, H. "Die Betriebswirtschaftslehre Als Anwendungsorientierte Sozialwissenschaft." In *Die Führung Des Betriebes*, edited by M.N. Geist und R. Köhler. Stuttgart: Poeschel, 1981.

Ulrich, P., und W. Hill. "Wissenschaftstheoretische Grundlagen Der Betriebswirtschaftslehre (Teil 1)." *Wirtschaftswissenschaftliches Studium* 7 (1976).

van der Meer, E. "Langzeitgedächtnis." In *Handbuch Der Allgemeinen Psychologie - Kognition*, edited by J. Funke und P.A. Frensch, 346-355. Göttingen: Hogrefe, 2006.

van Laarhoven, P.J.M., und E.H.L. Aarts. *Simulated Annealing: Theory and Applications*. Dordrecht; Boston; Norwell, MA, U.S.A.: Kluwer Academic Publishers, 1987.

Vaterrodt-Plünnecke, B., und J. Bredenkamp. "Gedächtnis: Definitionen, Konzeptionen, Methoden." In *Handbuch Der Allgemeinen Psychologie - Kognition*, edited by J. Funke und P.A. Frensch, 297-315. Göttingen: Hogrefe Verlag, 2006.

Walde, J.F. *Design Künstlicher Neuronaler Netze: Ein Leitfaden Zur Effizienten Handhabung Mehrschichtiger Perzeptrone*. Wiesbaden: Deutscher Universitätsverlag, 2005.

Watkins, C. J. C. H. *Learning from Delayed Rewards*: Cambridge University

King's College, 1989.

Weck, M. *Automatisierung Und Steuerungstechnik* 2. 4. Vol. 3.2, Werkzeugmaschinen Fertigungssysteme. Düsseldorf: VDI-Verlag, 1995.

Weck, M., und C. Brecher. *Mechatronische Systeme, Vorschubantriebe, Prozessdiagnose*. Berlin [u.a.]: Springer, 2006.

Weckenwerth, G. "Der Weg Zur Drei." *mc* Januar (1994): S. 72-75.

Wendt, L. *Taschenbuch Der Regelungstechnik*. Frankfurt am Main: Verlag Harri Deutsch, 2002.

Werner, M. *Netze, Protokolle, Schnittstellen Und Nachrichtenverkehr: Grundlagen Und Anwendungen*. Wiesbaden: Vieweg, 2005.

Whiteson, S. *Adaptive Representations for Reinforcement Learning*. Berlin: Springer, 2010.

Wiendahl, H.P., und R. Hernández. "The Transformable Factory - Stragegies, Methods and Examples." In *Reconfigurable Manufacturing Systems and Transformable Factories*, edited by A.I. Dashchenko, 383-393. Heidelberg: Springer, 2006.

Winkelholz, C. *Analyse, Modellierung Und Simulation Einer Visuell-Räumlichen Kognition Bei Der Mensch-Maschone-Interaktion*. Aachen: Shaker Verlag, 2006.

Wittgruber, F. *Digitale Schnittstellen Und Bussysteme: Einführung Für Das Technische Studium*. Braunschweig; Wiesbaden: Vieweg, 2002.

Wohlers, W. *Mehrstufige Optimierung Komplexer Strukturmechanischer Probleme*. Göttingen: Cuvillier, 2005.

Wooldridge, M. *Intelligent Agents: The Key Concepts*. Liverpool: Department of Computer Science University of Liverpool, 2002.

Zadeh, L. "Fuzzy-Sets." *Information and Control, Academy Press, New York* 8 (1965): S. 363-367.

Zäh, M. F., C. Lau, M. Wiesbeck, M. Ostgathe, und W. Vogl. "Towards the Cognitive Factory." In *CARV 2007: 2nd International Conference on Changeable, Agile, Reconfigurable and Virtual Production*, 2-16, 2007.

Zhang, X., D. Aberdeen, und S. V. N. Vishwanathan. "Conditional Random Fields for Multi-Agent Reinforcement Learning." Paper presented at the ICML 2007, Corvalis, Oregon, USA, 2007.

Zimmermann, H.-J. *Operations Research: Methoden Und Modelle. Für Wirtschaftsingenieure, Betriebswirte, Informatiker.* 2. Wiesbaden: Vieweg & Sohn, 2008.

FSC
www.fsc.org
MIX
Papier | Fördert
gute Waldnutzung
FSC® C083411

Kolibri 360 GmbH
Ferdinand-Jühlke-Straße 7
99095 Erfurt, Deutschland
produktsicherheit@kolibri360.de